KB088984

거북의
등딱지는
갈비뼈

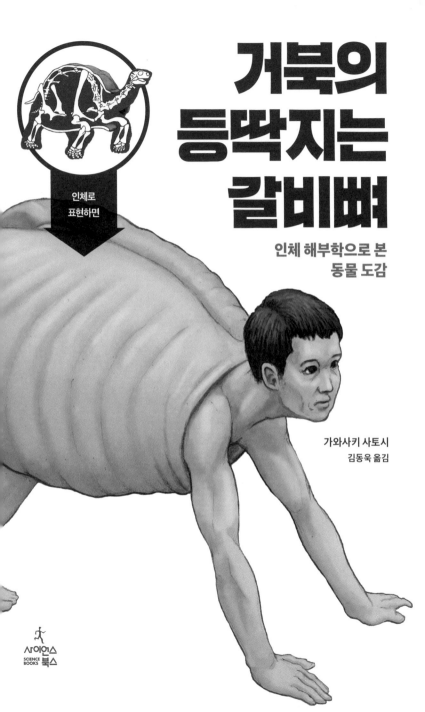

거북의 등딱지는 갈비뼈

인체로
표현하면

인체 해부학으로 본
동물 도감

가와사키 사토시

김동욱 옮김

사이언스
SCIENCE
BOOKS 북스

책을 시작하며

우리 몸의 여러 부위에는 각각 이름이 붙어 있습니다. 눈, 입, 팔꿈치, 무릎, 위팔, 정강이, 발뒤꿈치, 엉덩이, 허벅지, 기타 등등. 일일이 예를 들자면 끝도 없을 정도로 많지요. 인간이 아닌 다른 동물도 몸의 구조는 대체로 같기 때문에, 몇 가지 예외를 빼면 인간의 몸 각 부위에 해당하는 이름이 동물의 몸에도 있습니다.

개의 발뒤꿈치는 어디지? 기린의 팔꿈치는 어디일까? 의외로 모르는 사람이 많지 않을까요? 인간의 몸을 다른 동물의 몸으로 변화시킨 그림으로 알기 쉽게 전달하면 어떨까? 그런 생각에서 이 책은 시작되었습니다.

모든 동물은 각자 다른 환경에서 생활하며, 그 환경에 적합하도록 자신의 몸을 변화시켜 왔습니다. 환경에 적응한 동물은 후손을 남기며 번성했지만, 그러지 못한 동물은 차례로 도태했지요.

이러한 일련의 흐름이 바로 진화입니다. 그 결과 오늘날에는 모든 동물이 각자 처한 생태적 지위 속에서 각자 다른 생활을 하고 있습니다.

박쥐는 하늘을 날고, 고래는 바다를 헤엄치며, 두더지는 땅을 파는 등, 그들의 앞발은 그들이 처한 환경에 가장 적합하게 바뀌어 인간의 앞발, 즉 손과는 형태가 다릅니다. 당연하다면 당연한 것이겠죠. 이 책에서는 여러 동물의 몸에서 특정한 부위에 초점을 맞추고 그것에 해당하는 인체 부위를 변화시켜 보겠습니다. 이렇게 하면 동물의 몸에 감춰진 비밀을 새롭게 발견할 수 있게 될 겁니다. 모쪼록 마지막까지 즐겁게 읽어 주시길.

2019년 11월

가와사키 사토시

Contents

책을 시작하며 4

Chapter.1

파충류 · 양서류

 거북 12
Structure | 파격적인 골격 구조 14
Evolution | 독특한 갈비뼈와 어깨뼈 16

 개구리 18
Structure | 경량화하고 튼튼해진 골격 20
Evolution | 서서히 진행된 골격의 경량화 22

 도마뱀 24
Structure | 기어 다니는 보행이 거대화를 막았다? 26
Evolution | 바다에 서식했던 생물의 꼬리지느러미 28

 악어 30
Structure | 먹잇감을 찢어 통째로 삼키는 턱 32
Evolution | 다양했던 먼 옛날의 악어들 34

 날도마뱀 36
Structure | 나무 위 생활에 적응한 갈비뼈 38
Evolution | 비행 파충류의 시대 40

Chapter.2

포유류(육지)

코끼리 44
function | 다양한 기능을 갖춘 코끼리 코 46
Evolution | 코끼리의 코는 어째서 길어졌는가 48

기린 50
Structure | 목이 길어지는 소질 52
Evolution | 두 단계를 거치며 길어진 목 54

개 56
Structure | 포유류의 세 가지 다리 58
History | 가장 오래된 파트너, 인간과 개 60

말 62
Structure | 오로지 달리기만을 추구한 다리 64
Evolution | 환경 변화에 따라 사라져 가는 발가락 66

사자 68
Structure | 사냥에 특화된 몸 70
Evolution | 진화 과정에서 사라진 대형 종 72

Contents

 코알라 74
Structure | 독 있는 잎을 소화하는 놀라운 내장 76
Evolution | 옛날에는 거대했던 조상 78

 나무늘보 80
Structure | 남아메리카 특유의 발톱 동물 82
Evolution | 거대 땅늘보 84

 토끼 86
Function | 생존에 활약하는 귀의 기능 88
Evolution | 아시아에서 출발해 아메리카에서 진화한 조상 90

 아르마딜로 92
Structure | 굴 파기에 특화된 발톱과 방어에 특화된 등딱지 94
Evolution | 거대한 등딱지와 꼬리를 가졌던 조상 96

Chapter.3
포유류(물속 · 땅속 · 하늘)

 고래 100
Structure | 헤엄치기에 특화된 골격 102
Evolution | 바다에서 육지로, 그리고 다시 바다로 104

 두더지 106
Structure | 땅을 파는 강인한 앞다리 108
Area | 두더지의 세력 다툼 110

박쥐 112

Structure | 저절로 잠기는 방식의 뒷다리 114

Evolution | 비행 능력과 반향 정위 능력으로 보는 박쥐의 조상 116

바다사자 118

Structure | 수륙 양서형 포유류 앞다리의 차이 120

Evolution | 4족 보행 했던 바다사자의 조상 122

하마 124

Structure | 이미지를 배반하는 육체 구조 126

Evolution | 의외의 조상 128

Chapter.4

조류

새 132

Structure | 날갯짓하는 새의 가슴 근육 134

Evolution | 최초의 새, 시조새 136

플라밍고 138

Structure | 플라밍고가 외다리로 서 있는 이유 140

Evolution | 새롭게 밝혀진 플라밍고의 친척 142

올빼미 144

Structure | 올빼미가 목을 잘 움직이는 이유 146

Evolution | 먼 옛날에 존재했던 달리는 거대 올빼미 148

Contents ....

 펭귄 150
Structure | 물속 생활에 적응한 **뼈** 152
Evolution | 북반구의 유사 펭귄 154

Extra Chapter
부위별 비교

팔 · 앞다리 158 / 다리 166 / 턱 174 / 가슴 182

책을 마치며   191
참고 문헌   192
찾아보기   193

column
1. 꼬리 42 / 2. 엄니 98 / 3. 손 130 / 4. 날개 156 / 5. 뿔 190

Chapter.1

파충류
양서류

Reptiles
Amphibians

거북

Turtle

인간의 가슴에는 심장이나 허파를 바구니처럼 감싸는 갈비뼈가 있습니다. 거북은 갈비뼈를 변형시켜, 심장이나 허파 등 중요한 장기뿐만 아니라 긴급 시에는 머리부터 발끝까지 몸 전체가 들어갈 수 있도록 크게 키웠습니다.

만약 인간이 같은 구조였다면?

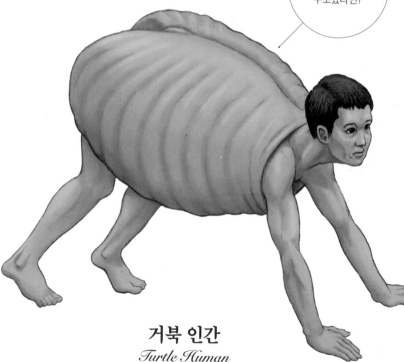

거북 인간
Turtle Human

거북 인간 만드는 법

육지거북

등딱지의 대부분은 갈비뼈 등
가슴우리로 이루어져 있다.

골반

어깨뼈

육지거북의 골격

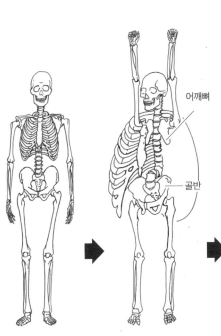

어깨뼈

골반

인간의 골격

갈비뼈를 거대화해
어깨뼈와 골반을 감싸 준다.

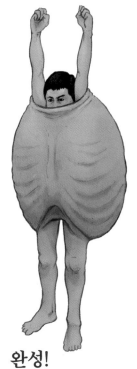

완성!

13

파격적인 골격 구조

거북의 등딱지는 갈비뼈와 등뼈가 붙어 1장의 판자처럼 되어 있는데, 이것을 '골갑판'이라고 합니다. 그 표면을 코팅하듯이 얇고 납작한 비늘이 뒤덮고 있으며, 이것을 '각질갑판'이라고 하지요. 거북의 등딱지는 이 골갑판과 각질갑판으로 이루어진 2중 구조입니다. 등딱지에 이음매가 있어 강한 충격을 받으면 쪼개질 것 같지만, 골갑판과 각질갑판이 제각기 이음매가 다르기 때문에 무척 강도가 높습니다. **그림❶**

많은 부분이 뼈로 만들어진 이런 갑옷을 가진 동물은 거북 외에는 찾아볼 수 없습니다. 단단한 갑옷을 가진 다른 동물로는 악어나 아르마딜로가 있지만, 악어나 아르마딜로의 갑옷은 피부에서 발생한 '피부뼈(피골, dermal bone)'로 만들어진 것이지요. 뼈로 만들어진 거북의 등딱지와는 근본적으로 다릅니다. **그림❷**

또한 우리 인간의 몸은 갈비뼈 바깥쪽에 어깨뼈가 있습니다. 그와 달리 거북은 갈비뼈가 등딱지로 변화했기 때문에 갈비뼈 바깥쪽에는 어깨뼈가 있을 수 없습니다. 등딱지 안쪽에 있지요. 다시 말해 거북은 다른 동물과 반대로 어깨뼈가 갈비뼈 안쪽에 있는 골격 구조를 가진 것입니다. **그림❸**

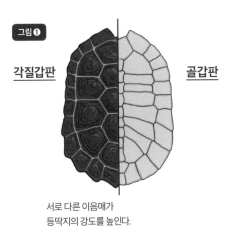

그림❶

각질갑판 | **골갑판**

서로 다른 이음매가
등딱지의 강도를 높인다.

그림❷ **거북의 등딱지 단면**

아르마딜로의 등딱지 단면

그림❸

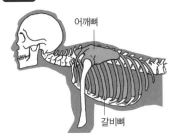

거북 외에 다른 동물은 갈비뼈
바깥쪽에 어깨뼈가 있다.

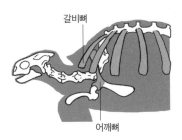

거북은 갈비뼈 안쪽에
어깨뼈가 있다.

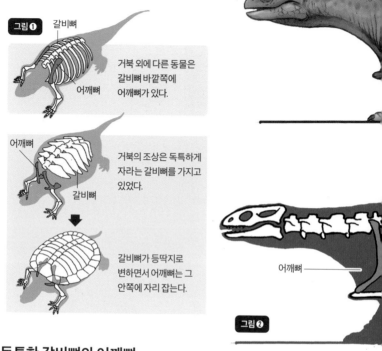

그림 ❶

갈비뼈

거북 외에 다른 동물은 갈비뼈 바깥쪽에 어깨뼈가 있다.

어깨뼈

어깨뼈

거북의 조상은 독특하게 자라는 갈비뼈를 가지고 있었다.

갈비뼈

갈비뼈가 등딱지로 변하면서 어깨뼈는 그 안쪽에 자리 잡는다.

어깨뼈

그림 ❷

독특한 갈비뼈와 어깨뼈

어째서 거북은 갈비뼈(등딱지) 안쪽에 어깨뼈가 있는, 다른 동물에게서는 찾아볼 수 없는 골격 구조를 가지고 있을까요? 이와 관련해 일본 이화학 연구소에서 실험용 쥐 태아와 닭·거북 알 속 태아가 성장하는 과정을 연구한 바 있습니다.

처음에는 닭이나 쥐와 마찬가지로 거북의 태아도 어깨뼈가 갈비뼈 바깥쪽에 있었지요. 그러나 성장 과정에서 어깨뼈가 갈비뼈 안쪽으로 이동하고 갈비뼈가 등딱지로 변화하는 모습이 관측되었습니다. 아무래도 거북의 경우 독특하게 자라는 갈비뼈에서 그 진화의 특징을 찾아봐야 할 것 같습니다.

보통 갈비뼈는 등뼈에서 가슴이나 배 쪽으로 구부러지며 자라지만, 거북은 진화 과정에서 갈비뼈가 수평으로 자라고 어깨뼈는 갈비뼈 아래쪽에 자리 잡게

오돈토켈리스

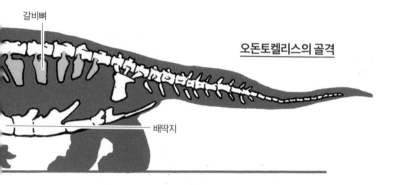

갈비뼈

오돈토켈리스의 골격

배딱지

된 것으로 보입니다. **그림 ❶**

그것을 뒷받침하는 화석도 있습니다. 2008년 11월에 발견된, 약 2억 2000만 년 전에 서식했던 것으로 보이는 오돈토켈리스 세미테스타세아(*Odontochelys semitestacea*)라는 원시 거북의 화석이 바로 그것입니다. **그림 ❷**

이 거북은 등딱지가 불완전하고 배딱지만 있는 특이한 모습이지만 동시에 등 쪽 갈비뼈가 수평으로 나서 등딱지를 형성할 조짐을 보입니다. 아마도 거북은 그 뒤 진화 과정에서 갈비뼈가 부채꼴로 자라고 앞쪽에 있던 어깨뼈를 감싸며 등딱지로 변화했을 것으로 추정됩니다.

파충류 · 양서류

개구리

Frog

개구리의 몸은 멀리 뛰어오르며 이동하는 데 적합합니다. 대표적인 예로 뒷다리를 들 수 있는데, 허벅지, 정강이, 발바닥의 길이가 거의 같지요. 개구리는 그런 뒷다리를 용수철처럼 Z자로 구부렸다가, 각 관절을 차례로 뻗으면서 큰 힘을 발휘합니다.

개구리 인간

Frog Human

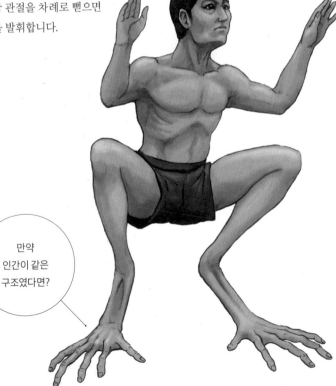

만약 인간이 같은 구조였다면?

개구리 인간 만드는 법

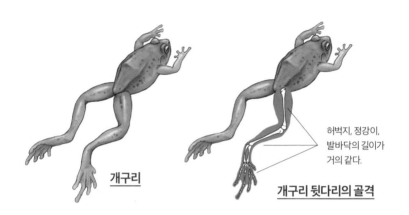

개구리

허벅지, 정강이,
발바닥의 길이가
거의 같다.

개구리 뒷다리의 골격

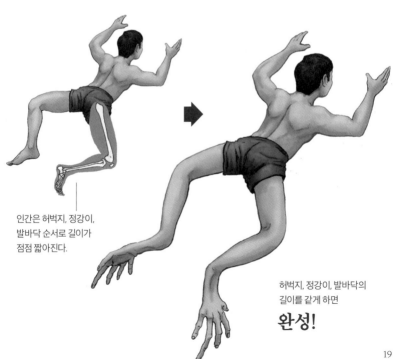

인간은 허벅지, 정강이,
발바닥 순서로 길이가
점점 짧아진다.

허벅지, 정강이, 발바닥의
길이를 같게 하면
완성!

19

경량화하고 튼튼해진 골격

높은 점프력으로 잘 알려진 개구리. 같은 양서류에 속하는 도롱뇽이나, 뱀과 도마뱀 같은 파충류는 뛰어오르지 못하고 기어서 이동합니다. 또한 헤엄칠 때도 다른 양서류나 파충류는 대부분 긴 몸통과 꼬리를 구불거리며 헤엄치지만, 개구리는 평영으로 헤엄치지요. 이처럼 움직이는 방법이 다른 만큼, 몸의 움직임과 밀접한 관련이 있는 골격 구조도 다른 양서류나 파충류보다 개성적입니다.

우선 개구리는 전신의 뼈가 다른 양서류나 파충류보다 개수가 적습니다. 뼈의 개수가 줄어든 만큼 유연성이 희생되어 다른 양서류나 파충류처럼 구불구불 움직이지는 못하지만, 대신 경량화가 잘 이루어졌습니다. 그리고 뼈와 뼈가 합쳐지는 방식으로 개수를 줄임과 동시에 튼튼함 또한 얻었습니다. 인간의 정강이는 정강뼈과 종아리뼈 2개로 이루어져 있는 반면, 개구리는 정강뼈와 종아리뼈가 합쳐져 있어 더 강인해진 뒷다리로 힘찬 점프를 할 수 있게 된 것이지요.

또 눈여겨 볼 만한 점은 갈비뼈의 부재입니다. 갈비뼈가 없는 복부는 스펀지처럼 작용해 점프에서 착지할 때의 강한 충격을 흘려낼 수 있습니다. 반면에 가슴 근육으로 허파를 신축시켜 호흡할 수는 없게 되었지만, 대신에 목주머니를 신축시켜 허파로 공기를 공급합니다.

인간과 개구리의 골격 비교

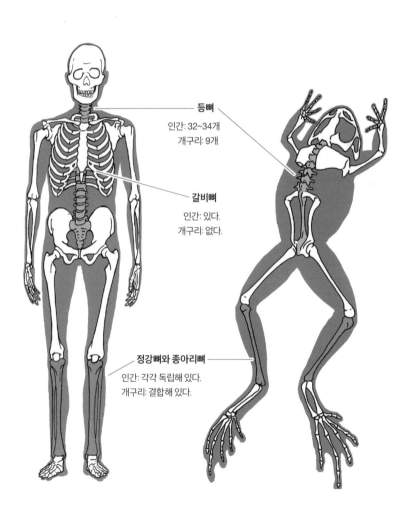

등뼈

인간: 32~34개
개구리: 9개

갈비뼈

인간: 있다.
개구리: 없다.

정강뼈와 종아리뼈

인간: 각각 독립해 있다.
개구리: 결합해 있다.

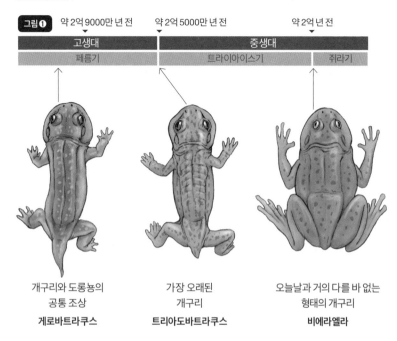

그림❶	약 2억 9000만 년 전	약 2억 5000만 년 전	약 2억 년 전
	고생대	중생대	
	페름기	트라이아이스기	쥐라기

개구리와 도롱뇽의
공통 조상
게로바트라쿠스

가장 오래된
개구리
트리아도바트라쿠스

오늘날과 거의 다를 바 없는
형태의 개구리
비에라엘라

서서히 진행된 골격의 경량화

개구리는 어떻게 진화해 왔는지, 그 진화도를 살펴보도록 할까요. 그림❶

    1995년 개구리와 도롱뇽의 공통 조상인 게로바트라쿠스(*Gerobatrachus*) 화석이 고생대 페름기 중기의 지층에서 발견되었습니다. 게로바트라쿠스는 오늘날의 개구리와 얼굴은 닮았지만, 입에는 이빨이 있었고 몸통도 길었을 뿐만 아니라 꼬리와 갈비뼈도 남아 있었지요. 뛰어오르지는 못하고 도롱뇽처럼 기어 다녔을 것으로 추정됩니다.

    그 뒤 마다가스카르 섬에서 2억 5000만 년 전에 서식했던 트리아도바트라쿠스(*Triadobatrachus*) 화석이 발견되었고, 이것이 현재 가장 오래된 개구리로 인정받고 있습니다. 오늘날의 개구리에 가까운 요소로는 이빨이 없어지고 갈비뼈도 퇴

그림 ❷

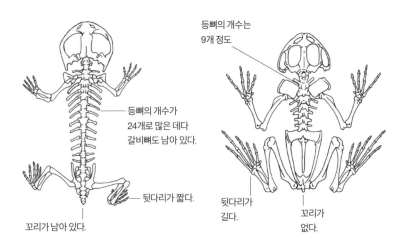

트리아도바트라쿠스의 골격

오늘날 개구리의 골격

등뼈의 개수는
9개 정도

등뼈의 개수가
24개로 많은 데다
갈비뼈도 남아 있다.

뒷다리가 짧다.

꼬리가 남아 있다.

뒷다리가
길다.

꼬리가
없다.

화했다는 점을 들 수 있지만, 몸통이나 다리는 아직 특수하게 변화하지 않았습니다. 오늘날의 개구리는 등뼈의 개수가 불과 9개뿐으로, 개수가 줄어든 대신 굵고 짧고 튼튼해졌지만, 트리아도바트라쿠스는 등뼈가 24개나 되었던 데다 꼬리도 남아 있었지요. 무엇보다 짧은 뒷다리 길이로 미루어 볼 때 뛰어오르지는 못했던 모양입니다. **그림 ❷**

비로소 개구리 같은 개구리가 나타난 것은 중생대 쥐라기 초기로, 비에라엘라 허브스티(*Vieraella herbsti*) 종이 바로 그것입니다. 등뼈 개수가 10개에, 극단적으로 긴 뒷다리를 볼 때 오늘날과 거의 다를 바 없는 형태였던 모양입니다.

도마뱀

Lizard

우리 인간의 다리는 몸통에서 수직으로 나 있습니다. 인간 외에 다른 포유류나 조류도 몸통에서 수직으로 난 다리로 걷지요. 이것을 직립 보행이라고 합니다. 한편 도마뱀을 비롯한 파충류나 양서류는 우리와 같이 육상 보행을 위한 다리가 있지만, 다리의 방향이 우리와는 전혀 다르지요. 그들은 몸통에서 수평으로 난 다리로 기어 다닙니다.

만약 인간이 같은 구조였다면?

도마뱀 인간
Lizard Human

도마뱀 인간 만드는 법

다리가 골반에서
수평으로 나 있다.

<u>도마뱀</u>

<u>도마뱀 뒷다리의 골격</u>

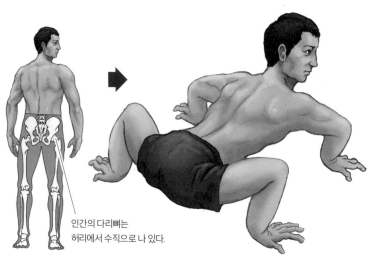

인간의 다리뼈는
허리에서 수직으로 나 있다.

다리가 허리에서
수평으로 나게 하면 **완성!**

기어 다니는 보행이
거대화를 막았다?

파충류는 크게 도마뱀, 뱀, 거북, 악어 네 가지로 구분할 수 있습니다. 파충류(爬蟲類)라는 명칭 중 '파(爬)'는 지면을 질질 끌며 기어 다닌다는 뜻입니다. '충(蟲)'은 일반적으로 곤충이나 지네 같은 벌레를 가리키는 말이지만, 인간, 동물, 새, 물고기 외에 다른 작은 동물을 가리키는 총칭이기도 합니다. 다시 말해 파충류는 '발톱(爪)을 가지고 기어 다니는 작은 동물'이라는 뜻이 됩니다.

도마뱀은 포유류 등에 비하면 몸집이 작은 종이 많지요. 도마뱀 중 가장 큰 종인 코모도왕도마뱀(*Varanus komodoensis*)도 몸무게가 60킬로그램 남짓입니다. 육지 포유류 중 가장 큰 아프리카코끼리(*Loxodonta africana*)의 몸무게가 6톤에서 7톤 정도인 만큼 그 차이는 역력합니다. 동물은 몸집이 크면 클수록 천적의 공격을 받을 걱정도 줄어드는 등 생존에 유리한데, 어째서 도마뱀은 몸집을 키우지 못했던 것일까요?

그 원인은 도마뱀처럼 다리가 몸통에서 수평으로 나 있는 것보다, 포유류처럼 다리가 몸통에서 수직으로 나 있는 편이 체중을 지탱하기 더 쉽다는 데 있습니다. **그림❶** 예를 들어 우리가 팔굽혀펴기할 때 팔을 굽힌 상태보다 팔을 뻗은 상태에서 몸을 지탱하기 더 편한 것을 생각하면 되겠지요. **그림❷** 도마뱀의 기어 다니는 보행 방식으로는 무거운 몸을 지탱하기 어렵기 때문에 진화 과정에서 몸집을 키울 수 없었던 것인지도 모릅니다.

그림 ❶

포유류와 파충류 다리 방향의 차이

포유류의 다리

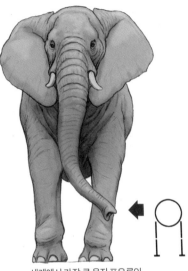

파충류의 다리

세계에서 가장 큰 육지 포유류인
아프리카코끼리. 몸무게 6톤.

세계에서 가장 큰 도마뱀인
코모도왕도마뱀. 몸무게 60킬로그램.

그림 ❷

팔굽혀펴기할 때 팔을 뻗은 상태가
몸을 지탱하기 더 편하다.

그림 ❶ **포유류**

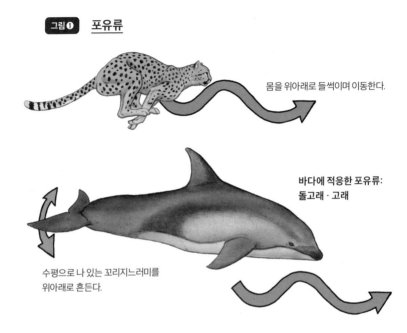

몸을 위아래로 들썩이며 이동한다.

바다에 적응한 포유류:
돌고래 · 고래

수평으로 나 있는 꼬리지느러미를
위아래로 흔든다.

바다에 서식했던 생물의 꼬리지느러미

기어 다니는 보행 방식 때문에 도마뱀은 몸집을 키울 수 없었지만, 먼 옛날에는
거대한 파충류도 있었습니다. 바로 모사사우루스(*Mosasaurus*)입니다.

　모사사우루스는 바다에 적응해 다리가 지느러미로 변화한 도마뱀의 친척이
었습니다. 물속에서는 다리로 몸을 지탱할 필요가 없는 만큼, 그 제약으로부터
해방되며 몸이 거대해져 큰 종의 경우 몸길이 18미터에 이를 정도였습니다. 모사
사우루스는 약 1억 년 전 백악기 후반에 출현했는데, 당시 육지는 공룡이 지배했
지만 바다에서는 모사사우루스가 눈 깜짝할 사이에 생태계의 정점에 올랐지요.
모사사우루스는 6600만 년 전 멸종했지만, 최근 연구에 따르면 고래와 비슷한
형태에 초승달 같은 꼬리지느러미를 가지고 있었음이 밝혀졌습니다.

파충류

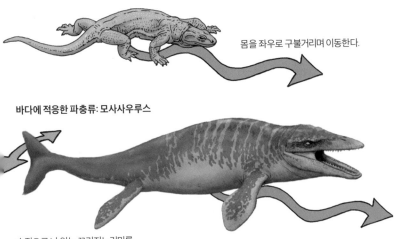

몸을 좌우로 구불거리며 이동한다.

바다에 적응한 파충류: 모사사우루스

수직으로 나 있는 꼬리지느러미를
좌우로 흔든다.

　　그러나 고래의 꼬리지느러미는 수평으로 난 반면, 모사사우루스의 꼬리지느러미는 수직으로 나 있었지요. 포유류는 몸통에서 다리가 수직으로 나 있어 직립 보행을 하므로 몸을 위아래로 들썩이며 이동합니다. **그림❶** 반면에 몸통에서 다리가 수평으로 나 있는 파충류는 몸을 좌우로 구불거리며 이동하고요. **그림❷** 똑같이 바다에 적응·진화한 포유류와 파충류라도 이동하는 방식은 육지에 살았던 조상의 움직임을 계승해, 고래는 꼬리지느러미를 위아래로 흔들고 모사사우루스는 꼬리지느러미를 좌우로 흔들어 추진력을 얻는 서로 다른 방식으로 헤엄쳤던 것입니다.

악어

Crocodile

모든 생물 중에서 가장 무는 힘이 강한 악어.
그 턱은 머리 대부분을 차지하며, 앞뒤로 길게
뻗어 있습니다. 인간은 아래턱을 움직여 입을
벌리지만, 악어는 아래턱이 지면에 가깝기 때
문에 위턱을 벌려 입을 엽니다.

만약
인간이 같은
구조였다면?

악어 인간
Crocodile Human

악어 인간 만드는 법

악어

움직이는 뼈는 튀어나와 있고, 움직이지
않는 뼈는 움푹 파여 이를 지지하는 구조로
연결되어 있다. 악어의 경우 위턱이 움직이기
때문에 위턱의 연결부가 튀어나와 있다.

악어의 턱 골격

인간의 턱은 아래턱이
튀어나와 있고, 위턱의 움푹
파인 부분에 연결되어 있다.

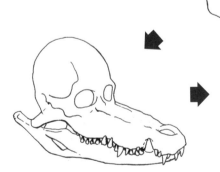

위아래 턱뼈를 거대화하고
연결부 뼈의 요철을 뒤바꾼 뒤,
콧구멍을 위쪽으로 뚫어 준다.

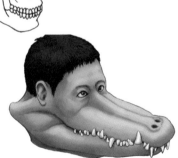

완성!

먹잇감을 찢어 통째로 삼키는 턱

악어는 전 세계 열대, 아열대 지방의 물가에서 서식하고 있습니다. 물가의 포식자로 군림하는 악어의 무는 힘은 지구상의 그 어떤 동물보다 강하지요. 흐린 수면 아래 잠수한 채 눈과 코만 수면에 내놓고 아무런 움직임도 없이 매복하고 있다가, 동물이 접근하면 갑자기 눈에 보이지 않을 정도의 속도로 단번에 달려듭니다. 잠수한 채 매복하기 쉽게 악어의 눈은 머리 높은 곳에 자리 잡고 있으며, 콧구멍은 입 끄트머리 위쪽 방향으로 나 있어 수면에 내놓고 호흡하기 편하게 되어 있습니다. 그림❶

악어는 그 강력한 턱으로 먹잇감을 문 다음, 절대 놓지 않고 물속으로 끌어들입니다. 그러나 무는 힘에 비하면 입을 벌리는 힘은 약해서, 고기를 자르기에는 적합하지 않습니다. 때문에 먹잇감의 다리 등을 문 악어는 물속에서 자기 몸을 회전시켜, 먹잇감의 다리를 비틀어 뜯어냅니다. 잡은 먹잇감의 고기를 찢어 먹기 위한 이 행동은 '데스 롤(death roll)'이라고 합니다. 그림❷

악어는 포유류처럼 먹이를 씹어 먹지 못하기 때문에 데스 롤로 고기를 먹기 좋은 크기로 찢어서 통째로 삼킵니다. 날카로운 이빨도 씹기 위한 것이 아니라 먹잇감을 물고 놓치지 않기 위한 것이라 항상 날카로울 필요가 있어서, 이빨이 빠져도 곧 새로운 이빨이 평생 몇 번이고 다시 납니다.

그림 ❶ 눈과 코만 수면에 내놓고 물속에 몸을 숨긴 채
땅 위의 상태를 살핀다.

얼굴을 거의 내놓지 않아도
되도록 콧구멍이 위를
향해 나 있으며, 잠수 시
물이 들어오지 않도록
닫을 수도 있다.

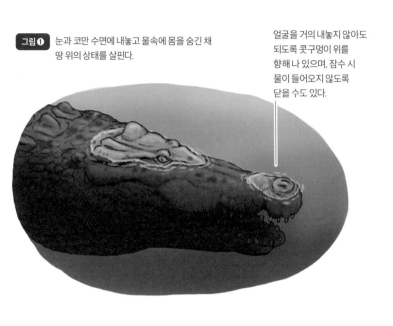

그림 ❷ 악어 특유의 포식 방식, 데스 롤.

몸을 회전시켜 물고 있는
먹잇감의 일부분을 뜯어낸다.

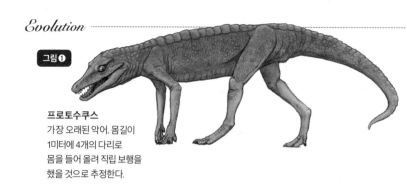

그림 ❶

프로토수쿠스
가장 오래된 악어. 몸길이
1미터에 4개의 다리로
몸을 들어 올려 직립 보행을
했을 것으로 추정한다.

그림 ❷

메트리오린쿠스
바다에 적응한 악어. 몸길이
3미터로, 몸은 거대화하고
다리는 지느러미로 변화했으며
꼬리의 형태도 변화했다.

다양했던 먼 옛날의 악어들

오늘날의 악어는 주로 강이나 호수 등 민물이라는 한정적인 환경에서만 서식하는
충류인 반면, 먼 옛날의 악어와 그 친척들은 물가뿐만 아니라 내륙과 바다를 가리
않고 폭넓은 환경에서 살았습니다. 현재까지 알려진 가장 오래된 악어는 약 2억 년
에 서식했던 프로토수쿠스(*Protosuchus*)입니다. **그림 ❶** 오늘날의 악어와는 크게 다
모습으로, 몸길이 약 1미터에 다리가 몸통에서 수직으로 나 있어서 포유류처럼
의 다리로 몸을 들어 올려 직립 보행을 했습니다. 그 화석이 북아메리카, 그리고
참 떨어져 있는 남아프리카에서도 발견되는 것으로 미루어 볼 때 프로토수쿠스
상당히 광범위하게 분포했음을 알 수 있지요. 이는 오늘날의 악어처럼 무거운 몸
질질 끌며 기어 다니는 것이 아니라, 직립 보행으로 땅 위를 경쾌하게 이동할 수

오늘날의 악어
육지와 민물 양쪽에 적응한 악어. 허파 호흡을
하지만, 포유류 등과 달리 변온 동물이기 때문에
호흡을 적게 해도 문제없다. 잠수 시 허파에
흐르는 혈류를 멈출 수도 있다.

었다는 사실에서 기인하지 않을까 하고 추정합니다.

약 1억 6000만 년 전에는 바다에서 서식하는 악어의 친척, 메트리오린쿠스 (*Metriorhynchus*)가 나타났습니다. 그림❷ 4개의 다리 모두 지느러미로 변화했으며, 꼬리 끝에도 물고기처럼 초승달 같은 꼬리지느러미가 나 있었지요. 오늘날의 악어에게 있는 등의 비늘판뼈(인판골)가 없는 대신, 높은 유연성으로 몸통과 꼬리를 구불거리며 헤엄을 치는 등 물속 생활에 잘 적응한 몸을 가지고 있었습니다.

그리고 메트리오린쿠스와 같이 바다에서 서식하는 악어가 등장함과 거의 동일한 시기에 오늘날의 악어와 같은 수륙 양서 악어가 드디어 나타났지요. 그리고 그 종의 자손만이 살아남아 오늘날에 이르게 된 것입니다. 그림❸

날도마뱀

Flying lizard

날도마뱀은 이름 그대로 하늘을 나는 도마뱀입니다. 인간의 갈비뼈는 등뼈에서 가슴 쪽으로 내장을 감싸듯이 구부려져 있지요. 그러나 날도마뱀의 갈비뼈는 가슴 쪽이 아니라 수평으로 길게 뻗어 있습니다. 그 갈비뼈와 갈비뼈 사이에는 피막이 있어서, 이것을 날개 삼아 활공하듯 하늘을 납니다.

만약 인간이 같은 구조였다면?

날도마뱀 인간
Flying lizard Human

날도마뱀 인간 만드는 법

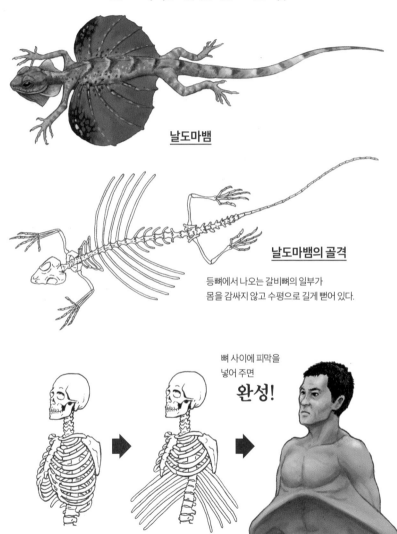

날도마뱀

날도마뱀의 골격

등뼈에서 나오는 갈비뼈의 일부가
몸을 감싸지 않고 수평으로 길게 뻗어 있다.

뼈 사이에 피막을
넣어 주면
완성!

인간의 갈비뼈도 등뼈에서
나오지만, 중간에 구부러져
장기를 감싼다.

갈비뼈 일부를 구부리는
대신 똑바로 뻗게 한다.

37

나무 위 생활에 적응한 갈비뼈

날도마뱀은 인도 남부에서 말레이 반도와 인도네시아 제도에 이르기까지 광범위한 지역에 분포하는, 나무 위 생활을 하는 도마뱀입니다. 날도마뱀은 이름 그대로 '하늘을 나는 도마뱀'이지만 새나 박쥐, 곤충처럼 자기 힘으로 나는 것은 아니고, 높은 나뭇가지 위에서 힘껏 점프해 공중을 미끄러지듯이 납니다. 활공 거리는 보통 5미터에서 10미터 정도이지만, 18미터나 활공하는 종도 있습니다. 활공 시 날개 역할을 하는 것이 날도마뱀의 옆구리에서 뻗어 나온 피막(비막)으로, 한쪽을 기준으로 5~7개의 갈비뼈가 우산살과 같이 이 피막을 지지하고 있지요. 그림❶

또한 날도마뱀은 나무에서 나무로 날아다니는 것뿐만 아니라 육상 이동에도 능합니다. 새나 박쥐의 날개는 앞다리가 변화한 것이지만, 날도마뱀은 갈비뼈를 날개로 변화시켰기 때문에 4개의 다리를 이동에 이용 가능하다는 이점이 있기 때문입니다. 평소에는 다리로 나무줄기에 붙어 있다가 위험을 느끼면 상당한 속도로 나무줄기를 기어오르는 등, 자유자재로 나무 위를 이동합니다. 그림❷

또한 날도마뱀은 모든 종의 몸길이가 20~25센티미터인데, 그중 3분의 2가 꼬리의 길이에 해당합니다. 꼬리가 긴 것은 날도마뱀뿐만 아니라 나무 위 생활을 하는 많은 동물에게 공통되는 특징으로, 가느다란 나뭇가지 위를 돌아다닐 때 균형을 잡기 위해 필요하지요.

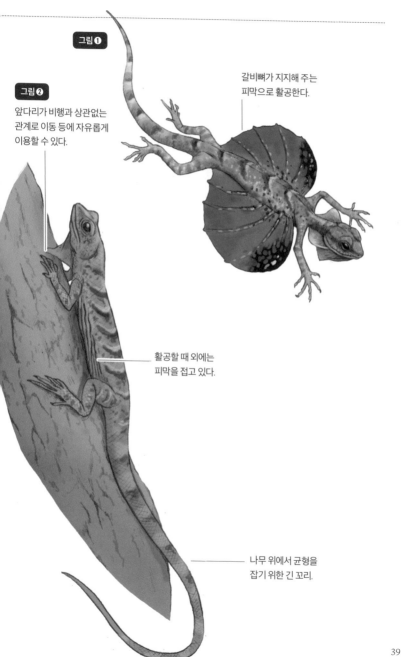

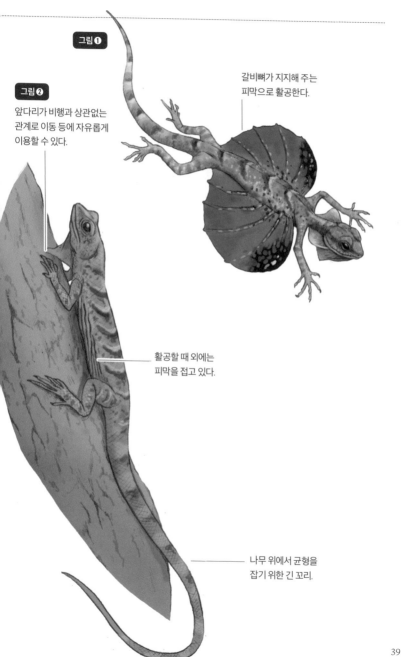

그림 ❶

그림 ❷

앞다리가 비행과 상관없는
관계로 이동 등에 자유롭게
이용할 수 있다.

갈비뼈가 지지해 주는
피막으로 활공한다.

활공할 때 외에는
피막을 접고 있다.

나무 위에서 균형을
잡기 위한 긴 꼬리.

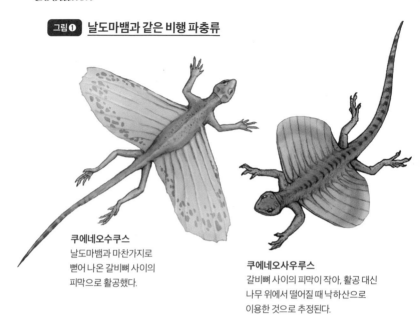

그림 ❶ **날도마뱀과 같은 비행 파충류**

쿠에네오수쿠스
날도마뱀과 마찬가지로
뻗어 나온 갈비뼈 사이의
피막으로 활공했다.

쿠에네오사우루스
갈비뼈 사이의 피막이 작아, 활공 대신
나무 위에서 떨어질 때 낙하산으로
이용한 것으로 추정된다.

비행 파충류의 시대

2억 5000만 년 전, 갑작스런 대멸종의 시기를 지나 트라이아이스기가 시작되었습니다. 수많은 생물이 사라진 육지와 바다에서 번성한 것은 멸종을 극복한 파충류와 그 친척들이었지요. 물속 생활에 적응해 바다로 진출한 파충류도 많았는데, 거북과 악어의 조상이 바로 이 시기에 나타났습니다.

비행 파충류 역시 트라이아이스기에 다수 나타났습니다. 쿠에네오사우루스과(Kuehneosauridae)가 그 주인공으로, 날도마뱀처럼 옆구리에 등뼈에서 뻗어 나온 갈비뼈로 된 날개가 있는 활공 파충류였지요. 쿠에네오사우루스과에는 쿠에네오사우루스(*Kuehneosaurus*)와 쿠에네오수쿠스(*Kuehneosuchus*) 등이 있었습니다.

그림 ❶ 쿠에네오사우루스의 날개는 활공할 만큼 크지 않았기 때문에, 나무 위에

그림② **오늘날에는 없는
비행 파충류**

프레온닥틸루스
트라이아이스기의 익룡.
활공이 아니라 새와 같이
날갯짓하며 날았던 파충류.

샤로빕테릭스
뒷다리와 꼬리 사이에 난
피막으로 활공했던
후익형 비행 파충류.

서 떨어질 때 낙하산 역할을 했으리라 추정하고 있습니다.

그런데 트라이아이스기에는 오늘날에는 없는 종류의 비행 파충류도 다수 나타났습니다. **그림②** 프테라노돈(Pteranodon)으로 대표되는 '익룡'이 나타난 것도 바로 이 시대로, 그들은 활공이 아니라 자유롭게 하늘을 날 수 있는 최초의 등뼈 동물이었지요. 샤로빕테릭스(Sharovipteryx)라는 비행 파충류는 한층 더 독특해서, 가늘고 긴 뒷다리와 꼬리 사이에 피막이 있었습니다. 새도, 박쥐도, 익룡도 앞다리가 날개가 된 반면에 샤로빕테릭스는 뒷다리가 날개가 된, 몹시 드문 후익형(後翼型) 비행 파충류였던 것입니다. 이처럼 트라이아이스기는 비행 파충류들이 환경에 적응하고자 시행착오를 거치던 시대라 할 수 있겠습니다.

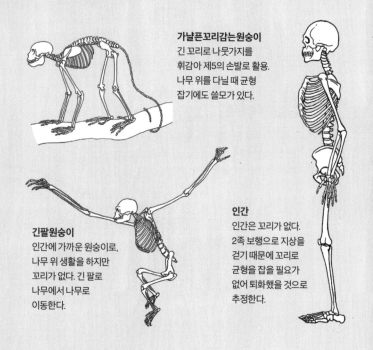

가냘픈꼬리감는원숭이
긴 꼬리로 나뭇가지를
휘감아 제5의 손발로 활용.
나무 위를 다닐 때 균형
잡기에도 쓸모가 있다.

긴팔원숭이
인간에 가까운 원숭이로,
나무 위 생활을 하지만
꼬리가 없다. 긴 팔로
나무에서 나무로
이동한다.

인간
인간은 꼬리가 없다.
2족 보행으로 지상을
걷기 때문에 꼬리로
균형을 잡을 필요가
없어 퇴화했을 것으로
추정한다.

어째서 인간은 꼬리가 없는가?

인간은 꼬리가 없습니다. 그러나 일설로는 시간을 거슬러 올라가면 인간의 조상은 긴 꼬리를 가지고 나무 위 생활을 하던 원숭이에게 도달한다고 합니다. 원숭이에게 긴 꼬리는 제5의 손발로, 나뭇가지를 잡거나 균형을 유지하는 등 쓸모가 많습니다. 그 뒤 인간의 조상이 지상으로 내려와 2족 보행을 하면서 필요 없어진 꼬리는 차츰 퇴화했을 것으로 추정됩니다. 그러나 인간과 가까운 긴팔원숭이나 침팬지 같은 유인원은 나무 위 생활을 하는데도 꼬리가 없지요. 인간이 어째서 꼬리를 잃었는지, 그와 관련해서는 여러 학설이 존재하지만 정확한 이유는 아직 밝혀지지 않았습니다.

Chapter.2

포유류
(육지)

Land
mammals

25

포유류(육지)

코끼리

Elephant

긴 코가 특징인 코끼리. 코끼리의 긴 코는 사실 코뿐만 아니라 윗입술도 함께 길게 늘어난 것입니다. 코끼리는 이 길어진 코와 윗입술로 호흡을 할 뿐만 아니라, 물을 빨아들여 입으로 가져가 마시고, 먹이를 움켜쥡니다. 또한 긴 코 끝에는 돌기가 있어서, 그것을 손가락처럼 이용해 작은 물건을 집을 수도 있습니다.

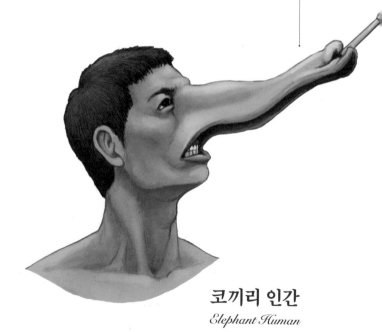

만약 인간이 같은 구조였다면?

코끼리 인간
Elephant Human

코끼리 인간 만드는 법

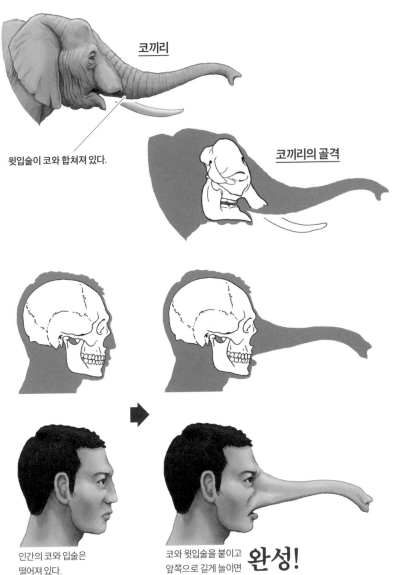

코끼리

윗입술이 코와 합쳐져 있다.

코끼리의 골격

인간의 코와 입술은
떨어져 있다.

코와 윗입술을 붙이고
앞쪽으로 길게 늘이면 **완성!**

45

다양한 기능을 갖춘 코끼리 코

윗입술과 함께 늘어나 가늘고 길어진 코끼리의 코. 그 긴 코는 근육으로 이루어져 있으며, 뼈나 관절은 존재하지 않습니다. 따라서 매우 유연할 뿐만 아니라 자유자재로 굽혔다 폈다 할 수 있어서 코끼리의 생활에서 다양한 쓸모가 있습니다.

코끼리는 코로 먹이는 물론이고 마실 물을 빨아들여 입으로 가져가는 등, 인간의 손처럼 사용합니다. **그림①** 또한 긴 코끝의 튀어나온 부분은 손가락 같은 역할을 하는데, **그림②** 지면에 떨어져 있는 땅콩을 집어 들고 입으로 가져갈 정도로 재주가 좋지요. 게다가 몸이 완전히 잠길 정도로 깊은 물을 건널 때는 긴 코를 수면에 내밀고 코끝으로 숨을 쉬는 것도 가능합니다. **그림③**

그 밖에도 코끼리는 다른 코끼리와 코를 휘감아 인사를 하는 등 **그림④** 사회적 행동을 하며, 인간이 아이의 머리를 쓰다듬듯 코끼리 역시 긴 코로 새끼의 몸을 부드럽게 만져 주며 애정 표현을 하는 모습도 볼 수 있습니다.

그리고 코끼리는 약한 시력을 대신해 개보다도 뛰어난 후각으로 먼 곳의 먹이나 물을 찾아내고 위험을 감지하기도 합니다. 코끼리에게 긴 코는 본래의 기능 외에도 물건을 집는 손, 다른 코끼리와의 의사 소통 도구, 뛰어난 탐지기까지, 살아가는 데 없어서는 안 될 다양한 역할을 하는 기관이라고 하겠습니다.

먹이나 물을 입으로 가져간다.

그림 ❷

긴 코끝에 돌기가 있어서, 그것을
손가락처럼 이용해 작은 물건을 집어
드는 것도 가능하다.

아프리카코끼리의　　　아시아코끼리의
코끝.　　　　　　　　코끝.

그림 ❸ 물속에서 코를 높이 들어 올려 숨을 쉬는 것 역시 가능하다.

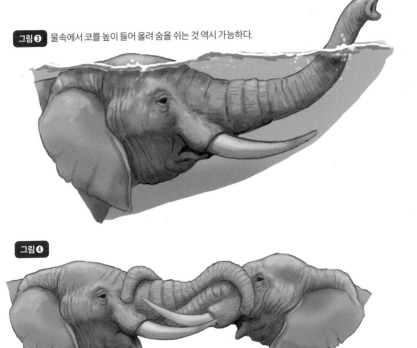

그림 ❹

서로의 코를 휘감아 인사한다.

그림 ❶

원시 코끼리 모에리테리움

그림 ❷

코끼리의 코는 어째서 길어졌는가

코끼리는 어째서 이렇게 긴 코를 가지게 된 것일까요. 가장 오래된 코끼리의 조상으로 여겨져 온 종은 모에리테리움(*Moeritherium*)입니다. 그런데 모에리테리움은 오늘날의 코끼리와 달리 긴 코가 없었습니다. **그림 ❶**

약 3500만 년 전에 서식했던 모에리테리움은 크기가 돼지 정도에 긴 몸통과 짧은 다리를 가졌던, 오늘날의 코끼리보다는 하마(*Hippopotamus amphibius*)와 비슷한 체형의 동물이었습니다. 하마나 맥(貘)처럼 물가 등지에서 살며 부드러운 물풀 등을 먹었을 것으로 보입니다. 그 뒤 후손들은 진화 과정에서 몸집이 대형화하게 되었지요. 다리가 길어지고, 키가 커지면서 긴 코를 가지게 된 것입니다.

그러면 어째서 코만 길어졌을까요? 코끼리와 그 친척들의 특징으로는 송곳

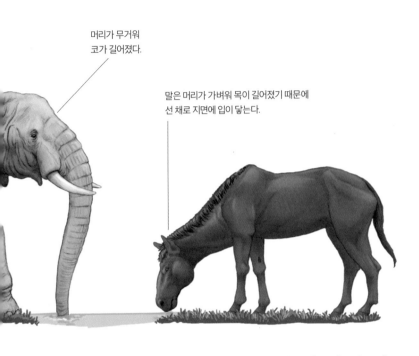

머리가 무거워
코가 길어졌다.

말은 머리가 가벼워 목이 길어졌기 때문에
선 채로 지면에 입이 닿는다.

니의 발달이나 거대한 어금니와 머리뼈 등이 있는데, 이러한 특징들 때문에 코끼리의 머리는 대단히 무거워졌습니다. 목을 뻗거나, 앞다리를 구부리거나, 지면에 입을 대거나 하는 식으로 식사를 하기에는 무리가 있었지요.

따라서 지면까지 닿는 호스처럼 긴 코를 이용해 풀을 휘감아 뜯어 먹거나 물을 빨아 올려 마시는 편이 무거운 머리를 움직이는 것보다 효율적이었기 때문에, 결국 코가 길어지는 방향으로 진화한 것으로 추정됩니다. 그림❷

기린

Giraffe

우리 인간을 포함해 포유류의 목뼈는 기본적으로 7개입니다. 기린의 긴 목도 뼈는 7개밖에 없지만, 목뼈 하나 하나가 길게 되어 있지요. 단 관절부가 적기 때문에 목을 구불구불 마음대로 구부릴 수는 없습니다.

만약 인간이 같은 구조였다면?

기린 인간

Giraffe Human

기린 인간 만드는 법

기린

기린의 목뼈는
인간과 마찬가지로
7개이지만,
하나 하나가 길다.

기린의 골격

완성!

인간의 목뼈는
하나하나가 짧다.

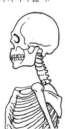

길게 늘인다.

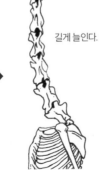

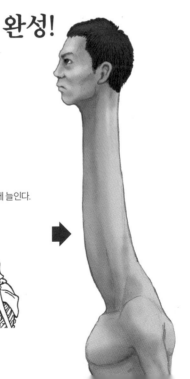

목이 길어지는 소질

기린의 머리는 지상에서 5미터 높이에 있습니다. 심장은 지상에서 3미터 정도에 있어서, 거기서 2미터 더 위에 있는 뇌까지 혈액을 밀어 올리려면 혈압이 높아야 합니다. **그림①** 포유류의 혈압을 비교해 보면 인간은 120수은주밀리미터(mmHg), 개는 110수은주밀리미터, 소는 160수은주밀리미터, 고양이는 170수은주밀리미터 정도인 데 비해 기린은 260수은주밀리미터로, 다른 동물보다 혈압이 월등히 높습니다.

그런데 기린은 물을 마실 때 지면까지 고개를 숙이지요. 이때 심장에서 3미터 아래로 머리가 이동하는 만큼, 그렇지 않아도 높은 혈압에 더해 대량의 혈액이 뇌로 흘러들어가 머리에 피가 쏠리는 현상이 일어나게 되어 있습니다. 반대로 머리에 피가 쏠린 상태에서 고개를 들면 단번에 피가 빠져 이번엔 빈혈이 일어나겠지요.

그러나 기린의 후두부에는 '원더 네트(wonder net)'라는 그물 같은 모세혈관 다발이 있습니다. **그림②** 목의 굵은 혈관에서 흘러드는 혈액을 이 원더 네트로 분산, 대량의 혈액이 단번에 뇌로 흘러드는 일을 방지하는 것입니다.

기린의 친척 중에는 오카피(*Okapia johnstoni*)라는 동물이 있는데, 기린처럼 긴 목은 없지만 후두부에 기린과 마찬가지로 원더 네트가 있습니다. 오카피는 기린의 원시적인 형태로 추정되는데, 기린은 원더 네트 덕분에 목이 길게 진화할 수 있었던 것인지도 모릅니다.

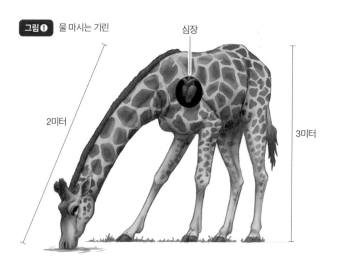

그림 ❶ 물 마시는 기린

심장

2미터

3미터

그림 ❷

원더 네트
여기에서 혈액을 분산함으로써
뇌로 흘러가는 혈류 양을 조절한다.

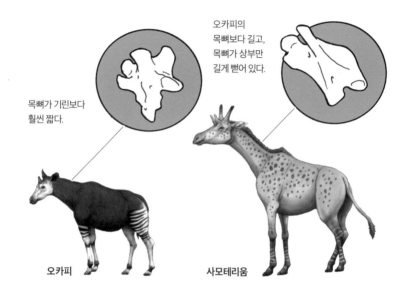

오카피의
목뼈보다 길고,
목뼈가 상부만
길게 뻗어 있다.

목뼈가 기린보다
훨씬 짧다.

오카피   사모테리움

두 단계를 거치며 길어진 목

오늘날 기린과 그 친척으로는 사바나에 서식하는 기린과 밀림에 서식하는 오카
피가 있지만, 옛날에는 사슴처럼 근사한 뿔을 가진 종에서 소처럼 탄탄한 체격
을 가진 종에 이르기까지 다양한 종이 있었습니다. 그러나 그중에도 오늘날의 기
린만큼 목이 긴 종은 없었지요. 기린은 진화 과정에서 어떻게 긴 목을 가지게 된
걸까요?

2015년 뉴욕 공과 대학교의 멜린다 다노위츠(Melinda Danowitz) 박사가 멸종
한 기린의 친척과 오늘날의 기린, 그 목뼈의 길이를 비교한 연구 결과를 발표했
습니다. 기린은 목뼈 하나 하나가 길어져 긴 목을 가지게 되었는데, 멸종한 기린
의 친척도 목뼈 화석이 있으면 그 길이를 대강 짐작할 수 있지요. 연구 대상이었

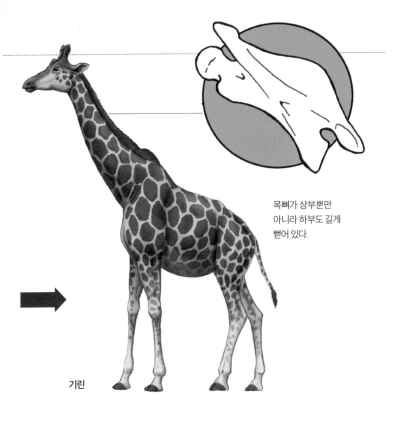

목뼈가 상부뿐만
아니라 하부도 길게
뻗어 있다.

기린

던 멸종한 기린의 친척 중, 기린과 같이 긴 목을 가진 중간 단계의 종이 있었습니다. 바로 700만 년 전 아시아와 유럽에 광범위하게 서식했던 사모테리움 마조르 (*Samotherium major*)였지요. 이 사모테리움의 목뼈는 상부(머리 쪽)가 더 길다는 특징이 있습니다. 그에 비해 오늘날의 기린은 목뼈의 상부와 하부(몸 쪽) 양쪽 모두가 길지요. 이를 통해 우리는 기린의 목이 우선 목뼈 상부가 길어진 다음 하부가 길어지는, 2단계 진화 과정을 거쳤음을 알 수 있습니다.

개

Dog

인간은 서 있을 때 발바닥 전체를 지면에 딱 붙입니다. 인간의 다리가 만약 개와 같았다면, 발뒤꿈치는 지면에서 떨어지고 발바닥은 가늘고 길어짐과 동시에 높이 올라갔을 것입니다. 걸을 때는 항상 발끝만으로 지면을 디디며 걸었겠지요. 이런 보행 방식을 지행성(趾行性, digitigrade)이라고 하는데, 개뿐만 아니라 고양이 등 많은 육식성 포유류에게서 찾아볼 수 있습니다.

만약 인간이 같은 구조였다면?

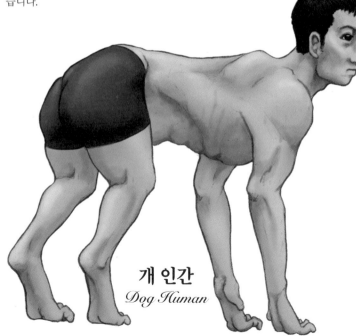

개 인간
Dog Human

개 인간 만드는 법

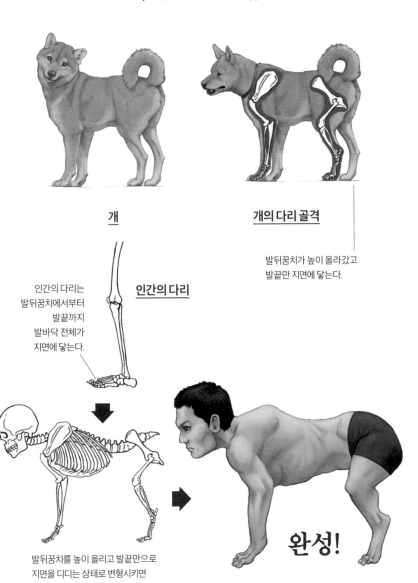

개

개의 다리 골격

발뒤꿈치가 높이 올라갔고
발끝만 지면에 닿는다.

인간의 다리는
발뒤꿈치에서부터
발끝까지
발바닥 전체가
지면에 닿는다.

인간의 다리

발뒤꿈치를 높이 올리고 발끝만으로
지면을 디디는 상태로 변형시키면

완성!

포유류의 세 가지 다리

포유류가 걷고 달리는 데 이용하는 다리에는 3종류가 있습니다. 바로 '척행성(蹠行性, plantigrade)', '지행성', '제행성(蹄行性, unguligrade)'입니다.

우선 '척행성'에 속한 부류는 우리 인간을 포함한 원숭이와 그 친척, 곰, 판다 등입니다. 그림❶ 척행성 동물은 발뒤꿈치를 내린 채 발바닥 전체로 지면을 디디며 걷지요. 이러면 접지 면적이 큰 만큼 안정성이 있습니다. 뒷다리로 일어서는 곰이나 사람처럼 직립 자세를 취할 수 있는 동물도 많습니다. 등을 쭉 뻗고 두 다리로 일어선 레서판다(*Ailurus fulgens*)의 모습이 화제가 된 적이 있는데, 레서판다도 척행성 동물입니다.

척행성은 진화의 관점에서 볼 때는 원시적인 다리 형태이며, 더욱 빨리 달릴 수 있도록 진화한 것이 '지행성'입니다. 그림❷ 발뒤꿈치를 들고 발끝만으로 지면을 디디기 때문에 땅에 닿는 면적이 작아 안정성을 잃은 대신, 그만큼 다리가 길어져 빨리 달릴 수 있지요. 또한 유연성이 있어 조용한 움직임이 가능한 만큼, 먹잇감이 눈치채지 않게 접근할 수 있다는 점에서 육식 동물에게서 흔히 볼 수 있는 다리 형태입니다.

그리고 육식 동물에게 쫓기는 초식 동물의 입장에서 오로지 속도를 중시한 다리 형태가 '제행성'입니다. 그림❸ 마치 발레리나처럼 발끝에서도 가장 끝부분만으로 지면을 디디는 형태로, 손목, 발목, 발끝의 뼈를 최대한 길게 늘여 보폭을 크게 한 것이 특징입니다.

그림❶ **척행성: 인간** 안정성에 특화된 다리

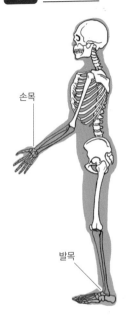

손목

발목

그림❷ **지행성: 개**

속도와 유연성을
겸비한 다리

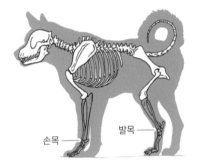

손목

발목

그림❸ **제행성: 말** 속도에 특화된 다리

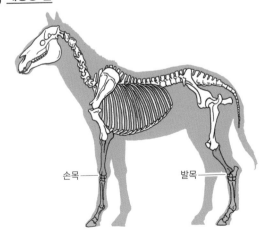

손목

발목

3만 3000년 전,
길들인 늑대가 개가 되었다.

수렵 · 채집 시대

개는 사냥의 파트너로서
인간과 함께 살게 되었다.

가장 오래된 파트너, 인간과 개

인간의 생활에 쓸모가 있어 사육되는 동물을 '가축'이라고 하지요. 고기를 얻기 위한 용도로 사육되는 소나 돼지, 운반 · 탑승 용도로 사육되는 말이나 낙타, 모피를 얻기 위한 용도로 사육되는 양 등, 인간의 생활에 어떻게 쓸모가 있는지는 동물마다 다릅니다. 고양이나 토끼 같은 반려동물도 인간의 정신적인 위로가 되어 주는 만큼, 이 또한 가축의 범주에 넣기도 하지요.

　가축 중에서도 가장 역사가 오래된 동물이 바로 개로, 지금으로부터 약 3만 3000년 전 먼 옛날부터 가축화되었다고 합니다. 다시 말해 농경 · 목축이 시작되기 전, 수렵 · 채집 생활을 하던 인간과 오랫동안 함께 살며 야생 동물 사냥에 협력했던 모양입니다.

1만 년 전,
농경 · 목축이 시작되었다.
▼

농경 · 목축 시대

농경 · 목축에 쓸모가 있는 가축으로서
쥐를 잡는 고양이나 젖을 주는 소 등의
사육이 시작되었다.

개의 다리는 지행성으로, 빨리 달리는 데 유리합니다. 반면 인간의 다리는 척행성이라, 두 다리로 안정감 있게 설 수 있지요. 몸을 지탱하고 걷는 일로부터 해방된 앞다리는 팔이 되어 물건을 잡아 던지는 일에 유리해졌습니다. 그들은 서로 다른 강점을 상호 보완하는 형태로, 개는 먹잇감을 몰고 인간이 창을 던져 숨통을 끊는 연계 플레이로 야생 동물을 사냥했던 것인지도 모릅니다. 수렵 · 채집 생활에서 농경 · 목축 생활로 생활 양식이 바뀐 오늘날의 인간은 사냥할 필요가 없어졌지만, 이제 개는 사냥의 파트너가 아니라 목양견, 맹인 안내견, 반려견 등 다양한 형태로 여전히 인간과 함께 살고 있습니다.

말

Horse

말의 다리는 수천만 년에 걸친 진화 과정에서 중지에 해당하는 제3발가락 1개만 남아 버렸습니다. 또한 인간으로 치면 손바닥과 발바닥에 해당하는 부분이 극단적으로 길게 늘어났으며, 다리 전체도 길어졌지요. 이 특징은 달리기에 용이함은 물론, 사바나나 스텝같이 드넓은 지역에서 생활하는 데 적응한 결과라고 합니다.

만약 인간이 같은 구조였다면?

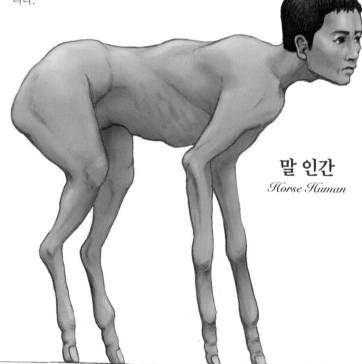

말 인간
Horse Human

말 인간 만드는 법

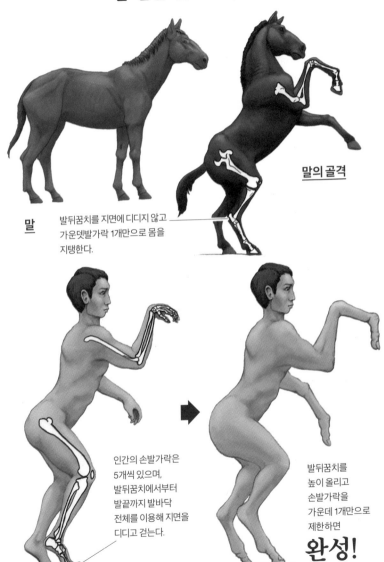

말의 골격

말

발뒤꿈치를 지면에 디디지 않고 가운뎃발가락 1개만으로 몸을 지탱한다.

인간의 손발가락은 5개씩 있으며, 발뒤꿈치에서부터 발끝까지 발바닥 전체를 이용해 지면을 디디고 걷는다.

발뒤꿈치를 높이 올리고 손발가락을 가운데 1개만으로 제한하면

완성!

오로지 달리기만을 추구한 다리

인간의 팔은 물건을 잡아 던지거나 먹을 것을 입으로 가져가는 등 쓰임새가 다양하지만, 제행성인 말의 앞다리와 뒷다리는 오로지 더 빨리 달리는 것만을 위해 존재합니다. 이러한 기능의 차이 때문에 말의 다리와 인간의 팔다리는 그 형태에 차이가 큽니다.

인간에게는 5개의 손발가락이 있지만, 말은 중지에 해당하는 제3발가락 1개밖에 없습니다. 다른 발가락 4개의 부재는 곧 무게 감소로 이어졌지요. 또한 손목, 발목에서부터 발끝까지 뼈가 길게 늘어남에 따라 다리가 길어져 보폭도 커졌습니다. 그림❶

인간의 아래팔(팔꿈치에서부터 손목까지)에는 노뼈와 자뼈라는 2개의 뼈가 있는데, 이 2개의 뼈를 교차하듯 움직이면 손목이 회전하는 구조입니다. 이로써 더욱 복잡한 손의 움직임이 가능하게 되었지요. 그림❷

반면에 인간의 팔에 해당하는 말의 앞다리는 노뼈와 자뼈가 결합해 사실상 1개의 뼈가 되다 보니 손목(발목)이 회전하지 못합니다. 그림❸ 말의 다리는 인간의 팔에 비하면 움직임이 제한된 것처럼 느껴지지만, 힘차게 지면을 박차며 달리기 위한 용도이기에 복잡한 움직임은 불필요합니다. 만약 인간의 팔처럼 노뼈와 자뼈가 교차하는 구조로 되어 있다면 오히려 손목(발목)을 접질릴 위험이 있으므로 이런 골격이 된 것으로 추정됩니다.

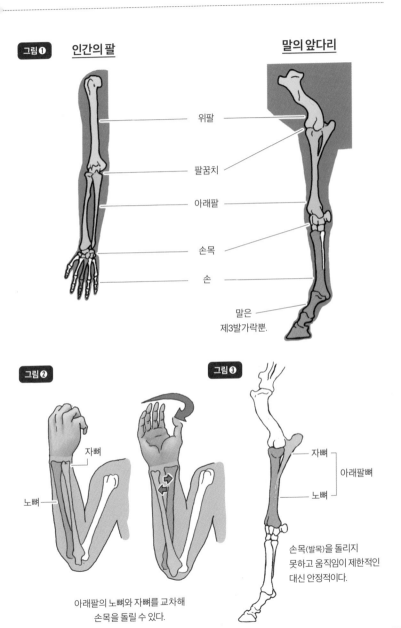

그림 ❶

<u>인간의 팔</u>

말의 앞다리

위팔

팔꿈치

아래팔

손목

손

말은
제3발가락뿐.

그림 ❷

자뼈

노뼈

아래팔의 노뼈와 자뼈를 교차해
손목을 돌릴 수 있다.

그림 ❸

자뼈

노뼈

아래팔뼈

손목(발목)을 돌리지
못하고 움직임이 제한적인
대신 안정적이다.

65

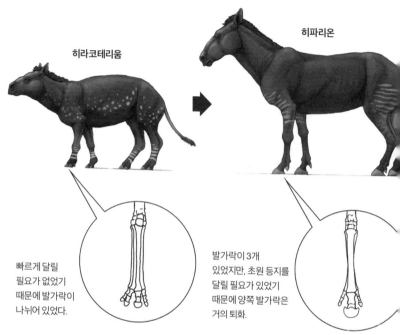

히라코테리움

히파리온

빠르게 달릴 필요가 없었기 때문에 발가락이 나뉘어 있었다.

발가락이 3개 있었지만, 초원 등지를 달릴 필요가 있었기 때문에 양쪽 발가락은 거의 퇴화.

환경 변화에 따라 사라져 가는 발가락

길어진 발가락 하나로 지면을 박차고 드넓은 초원을 질주한다. 이것이 말의 진화 최종 단계입니다. 이런 모습으로 진화하기 전, 먼 옛날의 말과 그 친척들은 어떤 모습이었을까요.

최초로 나타난 말의 친척은 북아메리카와 유럽 대륙에서 화석으로 발견되어 히라코테리움(*Hyracotherium*)이라고 명명되었습니다. 지금으로부터 약 5000만 년 전에 서식했던 동물이지요. 오늘날의 말에 비하면 몸집이 작고 앞다리에는 4개, 뒷다리에는 3개의 발가락이 아직 남아 있었습니다. 히라코테리움의 어금니는 오늘날의 말보다 많이 작아서, 부드러운 나뭇잎 등을 먹었으리라 추정됩니다. 오늘날의 말이 먹는 초원의 풀에는 단단한 석영의 미립자가 섞여 있기 때문에,

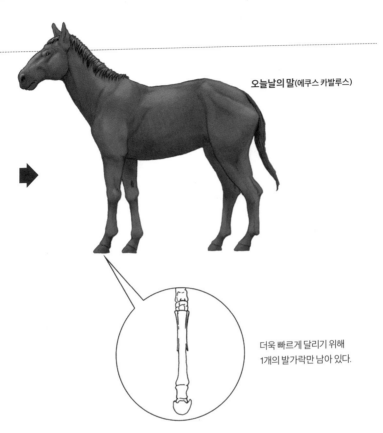

오늘날의 말(에쿠스 카발루스)

더욱 빠르게 달리기 위해
1개의 발가락만 남아 있다.

어금니가 발달하지 않았던 히라코테리움이 먹었으면 금세 이빨이 닳아 버렸을 것입니다. 부드러운 나뭇잎밖에 먹지 못했던 히라코테리움은 나무가 많은 환경을 선호했고, 오늘날의 말처럼 드넓은 초원을 빠르게 달릴 필요가 없었겠지요.

이후 지금으로부터 약 2000만 년 전이 되자 기후 변화로 삼림이 초원으로 바뀌는 지역이 많아졌고, 초원에 적응한 말의 친척 히파리온(*Hipparion*)이 나타났습니다. '삼지마(三指馬)'라는 별명을 가진 이 말에게는 발가락이 3개 있었지만, 양쪽 발가락은 거의 퇴화해 지면까지 닿지 않아 사실상 발가락 하나로만 서 있었던 모양입니다. 그리고 마침내 양쪽 발가락이 완전히 퇴화해 사라지면서 발가락 1개만 남은 오늘날의 말이 된 것이지요.

사자

Lion

인간은 몸무게를 지탱하는 다리가 팔보다 발달했지만, 사자는 인간의 팔에 해당하는 앞다리의 힘으로 먹잇감의 몸을 짓눌러야 합니다. 때문에 억센 앞다리를 가지고 있지요. 앞다리를 제어하는 강력한 근육이 붙는 어깨뼈도 매우 큽니다.

만약 인간이 같은 구조였다면?

사자 인간
Lion Human

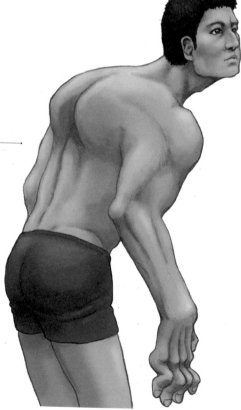

사자 인간 만드는 법

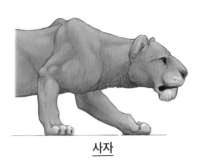

사자

강인한 앞다리를 지지하기 위해
어깨뼈가 크고 단단하다.

사자의 골격

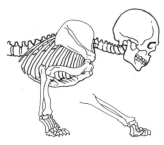

➡ **완성!**

어깨뼈를 거대화하고 손바닥과
손가락을 잇는 연결 부위와
손가락만이 땅에 닿게끔 변형시킨다.

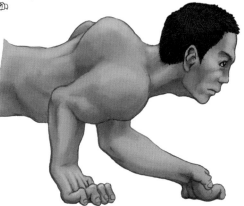

사냥에 특화된 몸

사자와 같은 고양잇과 동물은 지면에 바짝 붙어 낮은 자세를 유지한 채 살금살금 먹잇감과 거리를 좁히다가 단번에 달려듭니다. 이처럼 낮은 자세로 접근할 수 있는 이유는 바로 어깨뼈가 등뼈보다 높은 위치에 자리 잡고 있기 때문입니다. 덕분에 두 어깨 사이로 등뼈를 크게 낮추는 것이 가능하며, 등뼈로 지지되는 몸통과 머리를 낮춘 채 전진할 수 있는 것입니다. **그림❶**

먹잇감을 붙든 사자는 필사적으로 발버둥 치는 먹잇감을 강력한 앞다리로 짓누르고, 펀치로 목뼈나 등뼈를 꺾어서 움직이지 못하게 합니다. 대다수의 4족 보행 동물은 뒷다리가 운동량 대부분을 담당하기에 뒷다리가 더 발달했지만, 사자는 먹잇감을 붙들 때 강력한 앞다리에 의존하기 때문에 뒷다리는 물론 앞다리도 발달했습니다. 몸의 중심도 다른 동물과는 달리 앞다리에 있습니다.

먹잇감의 숨통을 끊는 사자 최고의 무기는 강력한 턱입니다. 크게 발달한 송곳니로 먹잇감의 목이나 코를 물어 질식시키지요. 먹잇감을 물 때 사용하는 발달된 턱 근육은 머리뼈 안쪽에 꽉 고정되어 있어 강한 교합력(咬合力)을 발휘합니다. **그림❷**

이처럼 사냥에 최적화된 요소를 여럿 갖추고 있기에, 사자는 우수한 사냥꾼으로서 동물의 왕좌에 군림하고 있습니다.

등뼈를 낮춰도 어깨뼈가
내려가지 않아 낮은 자세를
유지한 채 걸을 수 있다.

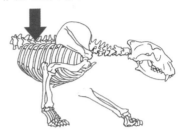

사자의 발달한 턱 근육

머리뼈 안쪽까지 크게 발달한
근육이 붙어 있다.

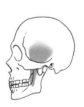

인간의 턱 근육

먹을 것을 씹는 데만 턱을
이용하는 인간의 턱 근육은
사자에 비하면 빈약하다.

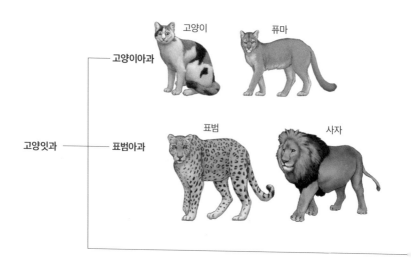

고양이   퓨마

고양이아과

고양잇과   표범아과   표범   사자

진화 과정에서 사라진 대형 종

사자가 속한 고양잇과는 고양이아과(Felinae)와 표범아과(Pantherinae), 크게 둘로
나뉩니다. 고양이아과에는 반려동물로 기르는 고양이를 비롯해 살쾡이에서 치
타에 이르는 폭넓은 동물이 속해 있지요. 표범아과는 몸집이 크고, 고양이아과
와 달리 포효할 수 있는 사자, 호랑이, 표범, 재규어가 속한 그룹입니다.

　먼 옛날 지구에는 고양이아과와 표범아과 외에도 '마카이로두스아과
(Machairodontinae)'라고 해서 오늘날에는 멸종해 버린 그룹이 있었습니다. 이쪽은
일반적으로 검치호랑이라고 불리는 육식 동물로, 그중에서도 스밀로돈(*Smilodon*)이
라고 불리는 종이 잘 알려져 있지요. 스밀로돈의 위턱에서 뻗어 나온 길고 큰 송
곳니의 길이는 무려 24센티미터에 이르렀습니다. 이 긴 송곳니를 효과적으로 이

스밀로돈

_____ 마카이로두스아과(검치호랑이)

용하기 위해 턱을 90도까지 벌릴 수 있었다고 합니다. 이 송곳니는 단단한 뼈를 부수기보다 살을 꿰뚫는 데 적합했기 때문에, 뼈가 없는 먹잇감의 목 부위를 꿰뚫어 과다 출혈로 쓰러뜨린 모양입니다.

또한 스밀로돈은 사자보다 더 억세고 긴 앞다리를 가지고 있었는데, 이는 먹잇감에 달라붙을 때 유리했습니다. 반면에 위팔과 정강이가 짧았고, 달릴 때 균형을 잡아 줄 꼬리도 짧아서 달리기 유리한 체형은 아니었지요. 때문에 작고 잽싼 먹잇감보다 매머드와 같은 대형 포유류를 상대로, 자신의 장점인 긴 송곳니와 격투 능력으로 승부를 거는 사냥꾼이었다고 합니다.

코알라

Koala

유칼립투스 나뭇잎을 먹는 동물로 잘 알려진
코알라(*Phascolarctos cinereus*). 코알라를 보면 앞발
은 엄지와 검지가, 뒷발은 엄지만 다른 발가락
과 따로 떨어져 있습니다. 코알라는 나무 위에
서 지낼 때가 많아서 손이 나뭇가지를 움켜쥐
기에 최적의 형태가 된 것입니다.

코알라 인간
Koala Human

만약
인간이 같은
구조였다면?

코알라 인간 만드는 법

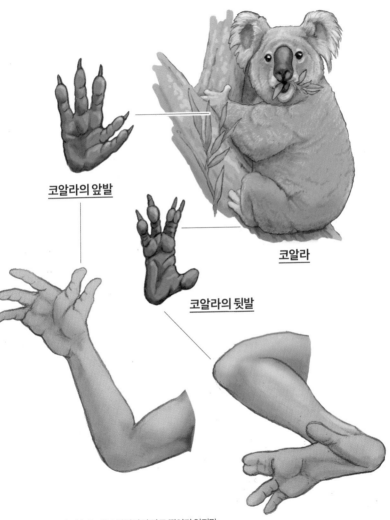

코알라의 앞발

코알라

코알라의 뒷발

인간의 손은 제1손가락만이 따로 떨어져 있지만,
제2손가락도 제1손가락 가까이 이동시킨다.
발은 제1발가락만 따로 떨어뜨려서 인간의 손과
같은 형태가 되게 하면

완성!

독 있는 잎을 소화하는 놀라운 내장

코알라는 유칼립투스가 많이 자라는 오스트레일리아 동남부에 서식하며, 평생 대부분의 시간을 나무 위에서 보냅니다. 그 앞다리와 뒷다리는 나무를 움켜쥐기 용이한 형태로 특화했는데, 실은 내장 역시 특이한 구석이 있습니다.

코알라는 유칼립투스 일부 종의 나뭇잎만을 먹는 별난 식성으로도 잘 알려져 있습니다. 물조차 거의 마시지 않고 수분의 태반을 유칼립투스 나뭇잎에서 섭취하지요. 유칼립투스 나뭇잎은 소화가 잘 안 되고 영양분도 적어서, 코알라는 체력을 보존하기 위해 하루에 무려 20시간을 자야만 합니다. 또한 유칼립투스 나뭇잎에는 독성이 있어서 이를 주식으로 삼는 동물은 오직 코알라뿐입니다. 어째서 코알라는 독성이 있는 나뭇잎을 먹어도 아무렇지 않은 걸까요?

사실 유칼립투스 나뭇잎의 소화를 위해 코알라는 아주 긴 내장을 가지고 있습니다. 코알라의 막창자꼬리는 길이가 2미터나 되는데, 불과 5센디미터 정도밖에 되지 않는 인간의 막창자꼬리와 비교해 보면 얼마나 긴지 알 수 있겠지요. 그림❶ 이 긴 내장 안의 미생물이 오랜 시간에 걸쳐 나뭇잎을 분해, 독에 영향을 받지 않게 하는 것입니다.

갓 태어난 새끼 코알라는 유칼립투스 나뭇잎을 분해하는 미생물을 가지고 있지 않아 생후 6개월이 되면 어미의 배설물을 먹습니다. 이로써 새끼 코알라의 내장에도 미생물이 들어가 유칼립투스 나뭇잎을 소화할 수 있게 되지요. 그림❷

인간과 코알라의 내장 비교

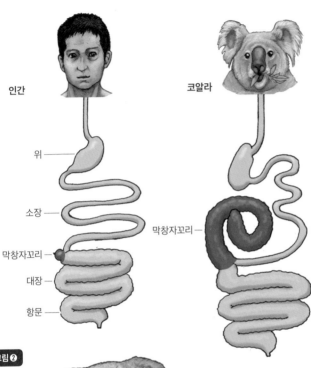

인간

코알라

위

소장

막창자꼬리

막창자꼬리

대장

항문

어미의 배설물을 먹는 새끼 코알라

유칼립투스 나뭇잎을 분해하는
장내 미생물을 어미에게서 물려받는다.

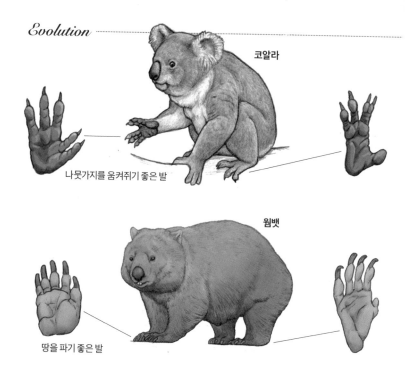

코알라

나뭇가지를 움켜쥐기 좋은 발

웜뱃

땅을 파기 좋은 발

옛날에는 거대했던 조상

코알라는 새끼를 미숙아로 출산해 어미의 배에 있는 육아낭이라는 주머니 안에서 키우는, 유대류(Marsupialia)라고 불리는 포유류입니다. 유대류는 주로 오스트레일리아에서 서식하지만, 아메리카 대륙에도 주머니쥐 등 일부가 삽니다.

오스트레일리아에는 수많은 유대류가 있는데, 그중 코알라와 가장 가까운 유대류는 웜뱃입니다. 코알라와 웜뱃은 가까운 친척인 만큼 형태가 비슷하지만, 생활 양식은 완전히 딴판이지요. 코알라는 나무 위에서 살지만, 웜뱃은 정반대로 지상을 걸어 다니고 굴을 파서 생활합니다. 마찬가지로 코알라의 발은 나뭇가지를 움켜쥐기 쉽도록 발가락과 발가락이 서로 마주 보는 구조지만, 웜뱃의 발은 굴을 파기 쉽도록 앞발의 발톱이 큰 삽처럼 생겼습니다.

디프로토돈
역사상 가장 큰 유대류

그런데 먼 옛날 오스트레일리아에는 코알라와 웜뱃의 친척이 있었습니다. 바로 디프로토돈(*Diprotodon*)으로, 대단히 큰 몸집을 가졌던 것으로 유명합니다. 몸길이 3미터에 높이는 성인 남성의 키만 했고, 몸무게는 자그마치 2톤에 달해 그 몸집은 코뿔소에 필적했다고 합니다. 이 정도 크기로는 코알라처럼 나무에 오를 수도, 그 몸집에 걸맞은 큰 굴을 웜뱃처럼 팔 수도 없었겠지요. 디프로토돈이 서식했던 당시에는 대형 육식 유대류도 있었기 때문에, 어쩌면 디프로토돈은 몸집을 키워서 대항했던 것인지도 모릅니다.

나무늘보

Sloth

1주일에 한 번 정도 지상에서 소변과 대변을 보는 시간 외에는 대부분의 생애를 나뭇가지에 매달려 지내는 나무늘보. 나뭇가지에 매달려 지낼 수 있는 이유는 앞발과 뒷발에 달린 길게 휘어진 발톱이 갈고리 역할을 하기 때문입니다. 그러나 지상에 내려올 때는 이 갈고리발톱이 방해되곤 하지요.

만약 인간이 같은 구조였다면?

나무늘보 인간
Sloth Human

나무늘보 인간 만드는 법

발가락 개수는
종에 따라 다르지만,
하나같이 발톱이 길게
휘어져 갈고리 같은
형태를 띠고 있다.

나무늘보　　　　　　　　**나무늘보의 앞발 골격**

손가락을 3개로 줄이고,
길이를 늘려 손톱만으로
봉에 매달리도록 하면

완성!

인간의 손은 물건을 잡을 때
손바닥으로 감싸고 5개의
손가락으로 움켜쥐다.

남아메리카 특유의 발톱 동물

느린 동작 때문에 '느림뱅이'를 의미하는 '늘보'가 이름에 붙은 나무늘보. 평생의 대부분을 나무 위에서 보내기 때문에, 나무늘보는 근육을 이용해 나뭇가지를 쥐기보다 발톱을 갈고리처럼 길게 발달시켜 나뭇가지에 걸고 매달린다는 매우 편한 방법을 선택했습니다. 그림❶

또한 나무늘보는 포유류 중에서는 드물게도 스스로 체온을 유지하지 못하고 파충류처럼 일광욕 등으로 체온을 조절합니다. 체온은 먹이를 체내에서 화학적으로 분해해 발생하는 열에서 비롯되는 것인데, 그것이 별로 필요없는 것이지요. 따라서 나무늘보의 하루 먹이 필요량은 불과 식물 8그램 정도로, 나뭇잎으로 치면 단 1장 정도면 충분합니다.

나무늘보는 남아메리카에서만 볼 수 있는 동물인데, 남아메리카에는 나무늘보 외에도 독특한 동물들이 있지요. 바로 개미핥기와 아르마딜로입니다. 나무늘보를 비롯한 이들은 이절류(Xenarthra)라고 불리는데, 남아메리카 대륙에서 독자적으로 진화한 동물입니다.

왕아르마딜로(*Priodontes maximus*)와 큰개미핥기(*Myrmecophaga tridactyla*)는 나무늘보처럼 특수한 발톱을 가지고 있지만, 그 목적이 나무늘보와는 다릅니다. 큰개미핥기는 제3발가락의 발톱이 낫과 같은 형태로 크게 발달해 개미집을 부수고 안에 있던 흰개미를 잡아먹지요. 그림❷ 한편 왕아르마딜로는 굴파기가 특기로, 갈고리와 같은 발톱을 굴을 파는 데 활용합니다. 그림❸

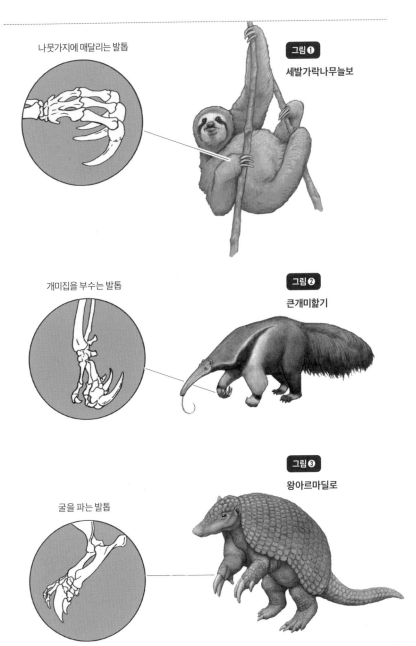

나뭇가지에 매달리는 발톱

그림 ❶
세발가락나무늘보

개미집을 부수는 발톱

그림 ❷
큰개미핥기

그림 ❸
왕아르마딜로

굴을 파는 발톱

멸종한
땅늘보

메가테리움

오늘날의
세발가락나무늘보

거대 땅늘보

나무늘보는 식사, 수면, 교미, 출산 등을 나무 위에서 하며 평생의 대부분을 나무 위에서 보냅니다. 그러나 먼 옛날 살았던 나무늘보의 친척 중에는 지상에서밖에 지내지 못하는 종이 있었으니, 바로 지금으로부터 약 1만 년 전에 멸종한 메가테리움(*Megatherium*)입니다. 어째서 나무 위에서 지내지 못했는가 하면, 메가테리움은 오늘날의 나무늘보만 봐서는 도저히 상상하지 못할 정도로 거대했기 때문입니다. 몸길이 6미터에 몸무게 3톤으로 추정되는, 아프리카코끼리만큼 거대한 나무늘보라니! 이런 메가테리움이 매달릴 정도로 큰 나무는 지구상 어디에도 존재하지 않았겠지요.

두 발 혹은 네 발로 지상을 걸어 다녔던 땅늘보(ground sloth) 메가테리움은 오

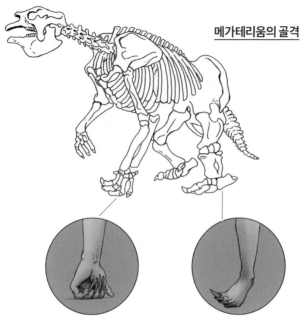

메가테리움의 골격

인간의 손발로 표현하자면 이런 식으로
걸었으리라 추정된다.

늘날의 나무늘보와는 외모도 생활 양식도 크게 달랐지만, 앞발과 뒷발의 큰 발톱이라는 공통점이 있었습니다.

메가테리움은 굵고 짧은 뒷발로 일어선 채 앞발의 거대한 갈고리발톱으로 나뭇가지를 당겨 나뭇잎을 뜯어 먹거나, 땅을 파서 땅속줄기를 먹었을 것이라고 합니다. 앞발은 물론 뒷발에도 큰 발톱이 있었지만, 4족 보행으로 지상을 걸어 다닐 때는 방해가 되므로 앞발은 손등으로 지면을 디디는 이른바 '주먹 보행(knuckle walking)' 자세였습니다. (고릴라와 침팬지에게서 볼 수 있습니다.) 뒷발은 발바닥이 안쪽으로 향하게 발 바깥쪽으로 지면을 디뎌서, 갈고리발톱이 땅에 걸리지 않도록 걸었으리라 추정됩니다.

토끼

Rabbit

토끼의 큰 귀는 머리 위에 달려 있습니다. 다른 동물도 머리 위에 귀가 있지만, 토끼 귀는 몸에 비해 큰 것이 특징이지요. 가동 폭도 넓어서, 귀를 움직여 광범위하게 소리를 들을 수 있습니다.

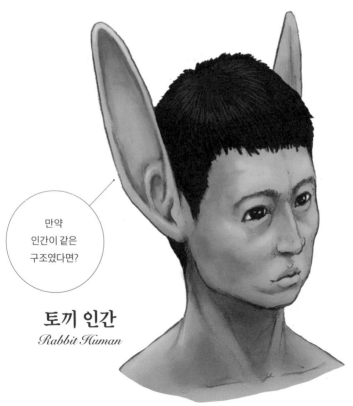

만약 인간이 같은 구조였다면?

토끼 인간
Rabbit Human

토끼 인간 만드는 법

눈 옆에 귓구멍이 있고, 거기에서 바깥귀가 위로 뻗어 있다. 귀 자체는 연골과 근육으로 이루어져 있다.

토끼

토끼의 골격

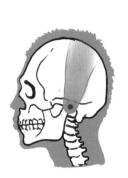

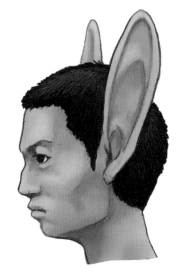

인간은 머리 옆에 귀가 있고 속귀는 턱 관절 쪽에 있지만, 전체적으로 볼 때 머리 아래쪽에 자리 잡고 있다.

바깥귀를 크게 키우고 위로 뻗게 하면

완성!

function

생존에 활약하는 귀의 기능

몸집이 작고 뿔이나 등딱지처럼 몸을 지킬 수단을 가지지 못한 토끼는 육식 동물에게 손쉬운 먹잇감입니다. 땅에서는 여우나 족제비, 하늘에서는 독수리나 부엉이 같은 맹금류의 위협을 받지만, 한발 앞서 위험을 감지하고 달아나는 것밖에 달리 방법이 없지요. 이때 도움이 되는 것이 바로 큰 귀입니다.

우리는 소리가 잘 들리지 않을 때 귀에 손을 가져다 대는데, 귀는 소리를 모으는 안테나와 같은 역할을 하기에 클수록 더 많은 소리를 모을 수 있습니다. 토끼는 그 큰 귀를 움직여 천적이 접근하면서 내는 어떤 미세한 소리도 놓치지 않고 들으려 합니다.

그 밖에도 토끼의 귀는 몸의 열을 외부로 배출하는 중요한 역할을 합니다. **그림❶** 인간은 더울 때나 힘든 운동으로 몸이 뜨거워졌을 때 땀을 흘려 열을 식히지만, 토끼는 땀을 거의 흘리지 않는 대신에 큰 귀를 이용하지요. 토끼의 귀에는 혈관이 그물처럼 퍼져 있는데, 이 혈관에 바람을 쐬어 온몸에 흐르는 혈액을 식힘으로써 체온을 조절하는 것입니다. 귀를 이용한 방열 구조는 토끼뿐만 아니라 아프리카코끼리나 사막여우(*Vulpes zerda*)같이 다른 동물들도 가지고 있습니다. 이들은 서식지가 더울수록 귀가 커지는 경향이 있지요. 북극여우(*Vulpes lagopus*)같이 추운 곳에서 서식하는 동물은 거꾸로 귀가 작아지는 경향을 보입니다. **그림❷**

그림 ❶

혈관이 퍼져 있는 귀로
바깥 바람을 쐬어 온몸에
흐르는 혈액을 식힘으로써
체온을 낮춘다.

그림 ❷

사막여우	여우	북극여우

더운 지방　　　　　　　　　　　　　　　　　　　　　　추운 지방

더운 곳에서 서식하는 동물일수록 귀가 커지는 경향이 있다.

그림❶

팔라에올라구스　　　　　　　**오늘날의 토끼**

오늘날의 토끼에 비하면 뒷다리가 짧다.　　　　　팔라에올라구스보다 뒷다리가
귀는 화석으로 남지 않기 때문에 길이는 불명이다.　　길어지며 도약력이 증가했다.

아시아에서 출발해 아메리카에서 진화한 조상

토끼의 조상은 지금으로부터 약 5000만 년 전에 나타났습니다. 가장 오래된 화
석은 중국에서 발견되었기 때문에 원산지는 아시아로 보입니다. 그리고 얼마 지
나지 않아 북아메리카로 퍼졌고, 다시 얼마 후 유럽이나 아프리카에도 분포하게
되었지요.

　　토끼의 조상이 오늘날의 토끼와 비슷한 모습으로 진화한 것은 아시아에서
북아메리카로 건너간 뒤의 일이었던 모양입니다. 3800만 년 전의 지층에서 발견
된 팔라에올라구스(*Palaeolagus*)라는 동물의 화석은 오늘날의 토끼와 거의 다를
바 없는 모습인데, 도약에 이용하는 뒷다리의 뼈가 오늘날의 토끼만은 못하지만
상당히 길어져 있습니다. 그림❶

프리오펜탈라구스

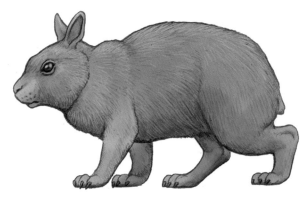

한편 토끼의 조상이 진화해 나가던 북아메리카 대륙과 달리, 유라시아 대륙에서는 약 2000만 년 전부터 800만 년 전까지의 지층에서 토끼의 화석이 발견된 바 없습니다. 따라서 이 기간에 유라시아 대륙에서는 토끼의 조상이 모습을 감췄던 것으로 여겨집니다. 그러다가 북아메리카에서 건너온 토끼의 조상이 또다시 유라시아 대륙으로 서식 범위를 확장해 나갔지요. 이 무렵 유라시아 대륙의 토끼 중 하나인 프리오펜탈라구스(*Priopentalagus*)는 오늘날 일본의 아마미오시마 섬과 도쿠노시마 섬에 분포하며 '살아 있는 화석'이라고 불리는 아마미검은멧토끼(*Pentalagus furnessi*)의 조상입니다. 중국에서 대량의 화석이 발견되었으며, 일본에서도 미에 현에서 머리뼈 일부가 화석으로 발견된 바 있습니다. 그림 ❷

아르마딜로

Armadillo

아르마딜로는 등에 등딱지가 있는 포유류입니다. 피부에 '피부뼈'라고 불리는 작은 뼈가 있는데, 수많은 피부뼈가 퍼즐처럼 맞물려 단단한 등딱지를 이루고 있지요. 이 등딱지에는 뱀의 배처럼 주름진 띠가 있어서 구부릴 수도 있고, 종에 따라서는 마치 공벌레(*Armadillidium vulgare*)와 같이 몸을 둥글게 말 수도 있습니다.

만약 인간이 같은 구조였다면?

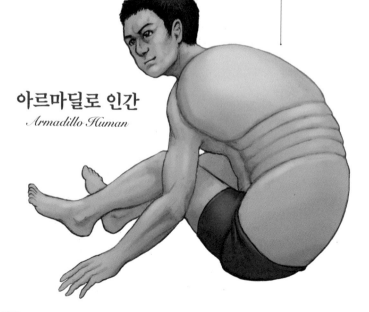

아르마딜로 인간
Armadillo Human

아르마딜로 인간 만드는 법

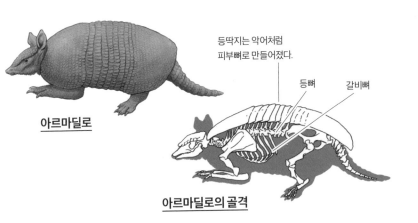

등딱지는 악어처럼
피부뼈로 만들어졌다.

등뼈   갈비뼈

아르마딜로

아르마딜로의 골격

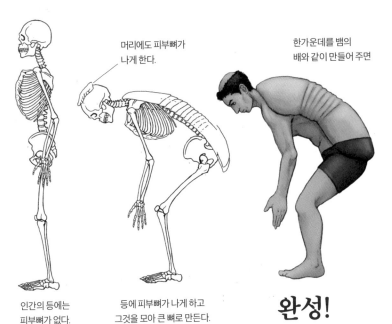

머리에도 피부뼈가
나게 한다.

한가운데를 뱀의
배와 같이 만들어 주면

인간의 등에는
피부뼈가 없다.

등에 피부뼈가 나게 하고
그것을 모아 큰 뼈로 만든다.

완성!

굴 파기에 특화된 발톱과 방어에 특화된 등딱지

아르마딜로와 그 친척은 모두 20여 종으로, 손바닥에 올려놓을 수 있을 만큼 작은 애기아르마딜로(*Chlamyphorus truncatus*)에서 몸길이 1미터에 가까운 왕아르마딜로에 이르기까지 크기가 다양합니다. 아르마딜로는 신진 대사가 적은 데다 지방을 축적하는 능력도 약해 추위에 약하기 때문에, 대부분 중남아메리카의 따뜻한 지방에서 살고 있습니다.

낮에는 주로 땅속 굴에서 지내므로 아르마딜로는 굴을 파기 위한 발톱이 발달했습니다. 왕아르마딜로는 가장 긴 발톱의 길이가 20센티미터나 될 정도입니다. 그림❶ 왕아르마딜로의 몸길이는 1미터 정도니까 몸길이와 비교하면 발톱 길이가 20퍼센트나 되는 셈입니다. 현생 동물 중에서도 발톱의 비율이 가장 큰 동물이라고 할 수 있겠지요.

아르마딜로의 가장 큰 특징이라면 역시 등딱지입니다. 갈비뼈로 만들어진 거북 등딱지와 달리, 악어처럼 피부가 변화한 피부뼈로 만들어진 등딱지를 가지고 있습니다. 따라서 어느 정도 유연성을 가지고 자유롭게 움직일 수 있지요. 브라질세띠아르마딜로(*Tolypeutes tricinctus*)의 등딱지는 특히 잘 구부러져, 몸을 완전히 공처럼 말 수도 있습니다. 단단한 등딱지로 온몸을 보호하는 자세를 계속 유지하며 적이 포기하고 물러가기를 기다리는 것이지요. 그림❷ 이렇게 몸을 둥글게 만다는 인상이 강한 아르마딜로이지만, 사실 몸을 완전히 공처럼 말 수 있는 것은 브라질세띠아르마딜로와 남방세띠아르마딜로(*Tolypeutes matacus*) 2종뿐입니다.

왕아르마딜로

굴을 파기 위해
발톱이 매우 발달했다.

그림 ❷

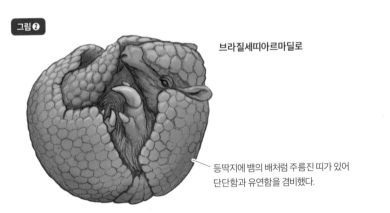

브라질세띠아르마딜로

등딱지에 뱀의 배처럼 주름진 띠가 있어
단단함과 유연함을 겸비했다.

그림❶

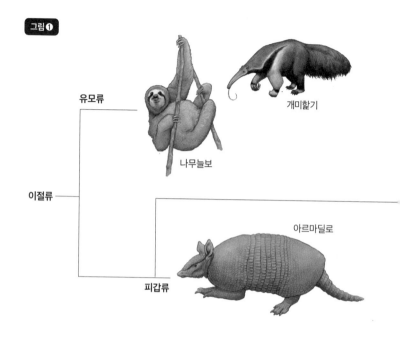

유모류

나무늘보

개미핥기

이절류

아르마딜로

피갑류

거대한 등딱지와 꼬리를 가졌던 조상

아르마딜로가 서식하는 남아메리카 대륙은 지금으로부터 1억 년 전부터 다른 대륙과 바다를 사이에 두고 섬과 같이 고립되었기 때문에, 그곳에서 서식했던 포유류도 독자적인 진화를 했습니다. 때문에 오늘날에도 아르마딜로를 비롯해 개미핥기나 나무늘보같이 다른 대륙에서는 볼 수 없는 독특한 포유류가 서식하고 있지요. 이들은 등뼈 중 허리뼈가 다른 포유류와 다른 형태를 가지고 있다는 데서 유래해 '이절류'라는 이름으로 불립니다. 그림❶

이절류 중에서도 아르마딜로와 그 친척들은 가장 일찍 출현한 그룹 중 하나입니다. 가장 오래된 화석은 약 5600만 년 전의 지층에서 발견된 글립토돈과(Glyptodontidae)로, 아르마딜로의 친척뻘에 해당합니다. 대표 종인 글립토돈

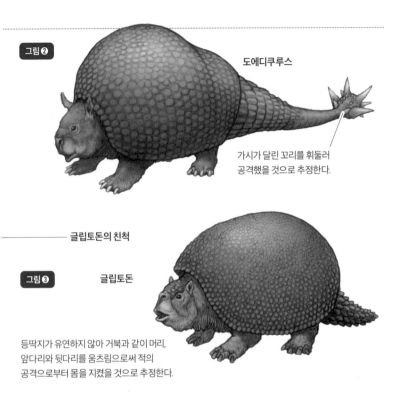

그림 ❷

도에디쿠루스

가시가 달린 꼬리를 휘둘러
공격했을 것으로 추정한다.

글립토돈의 친척

그림 ❸

글립토돈

등딱지가 유연하지 않아 거북과 같이 머리,
앞다리와 뒷다리를 움츠림으로써 적의
공격으로부터 몸을 지켰을 것으로 추정한다.

(*Glyptodon*)은 상당히 몸집이 커서 전체 몸길이가 3미터나 되었다고 합니다. 아르마딜로와 마찬가지로 등에 등딱지가 있었는데, 헬멧처럼 높이 솟아 있었으며, 거북과 같이 빈틈없는 구조이다 보니 가동성은 부족했을 것으로 보입니다. **그림 ❷**

　　글립토돈의 친척 중 가장 컸던 종은 도에디쿠루스(*Doedicurus*)로, 전체 몸길이가 4미터나 됩니다. 가장 눈에 띄는 특징은 길이 1미터의 꼬리로, 뼈 뭉치로 만든 곤봉처럼 크고 단단했습니다. 끝이 가느다란 것이 아니라 상자처럼 불룩했고, 무언가가 끼워져 있었던 양 움푹 파인 것으로 보아 아마도 가시가 달려 있었으리라고 추정됩니다. **그림 ❸**

바다코끼리
송곳니가 길게 자란 것으로,
수컷의 엄니는 길이 1미터에
달한다.

외뿔고래
앞니가 휘어져 길게 자란
것으로, 길이 3미터에
달하는 녀석도 있다.

엄니의 목적

'엄니'는 길고 뾰족한 이빨을 가리키는 말이지만, 영어에는 이 엄니에 두 가지 의미가 있습니다. 개나 고양이 등 육식 동물의 엄니는 먹이의 숨통을 끊기 위해 이용하는 송곳니로, '팽(fang)'이라고 하지요. 반면에 코끼리나 바다코끼리(*Odobenus rosmarus*), 외뿔고래(*Monodon monoceros*) 등의 엄니처럼 포식용이 아닌 엄니는 '터스크(tusk)'라고 합니다. 바다코끼리는 엄니를 피켈처럼 얼음을 찍어 몸을 지탱할 때나, 수컷끼리 암컷을 두고 싸울 때 씁니다. 외뿔고래의 앞쪽에 난 뿔 같은 엄니에는 신경이 있어서, 기압이나 온도의 변화를 민감하게 느끼는 감각 기관이기도 합니다.

Chapter.3

포유류
(물속·땅속·하늘)

*Other
mammals*

고래

Whale

인간의 어깨에서 손목까지의 부위를 '팔', 손목에서 손끝까지의 부위를 '손가락'이라고 해 보겠습니다. 팔과 손가락의 길이를 비교하면 당연히 팔이 훨씬 깁니다. 한편 팔과 손가락이 지느러미로 변화한 고래의 골격은 인간보다 팔의 뼈가 짧고 손가락의 뼈가 길어서, 양쪽의 길이가 거의 같게 되어 있습니다.

만약 인간이 같은 구조였다면?

고래 인간
Whale Human

고래 인간 만드는 법

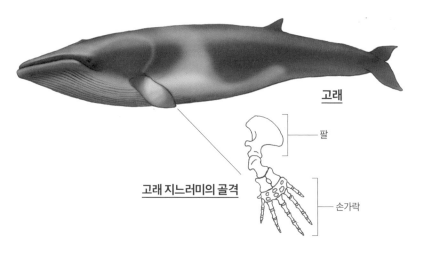

고래

팔

고래 지느러미의 골격

손가락

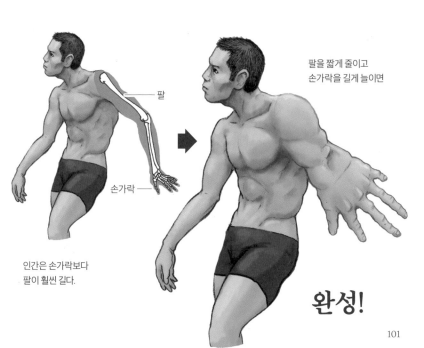

팔

손가락

팔을 짧게 줄이고
손가락을 길게 늘이면

인간은 손가락보다
팔이 훨씬 길다.

완성!

헤엄치기에 특화된 골격

포유류 중 물속 생활에 적응해 바다를 삶의 터전으로 삼는 해양 포유류는 고래 외에도 많이 있습니다. 바다표범은 육지와 바다를 오가며 어패류 등을 먹고 사는 잡식 동물이고, 듀공(*Dugong dugon*)은 얕은 여울에서 거머리말 등의 해양 식물을 먹고사는 초식 동물이지요. 둘 다 육지에서 가까운 바다를 삶의 터전으로 삼지만, 고래는 먼바다에도 널리 분포하며 지구 규모의 거리를 회유(回游)하는 종도 있을 만큼, 물속 생활에 가장 잘 적응한 포유류라고 할 수 있습니다. 그 몸에는 물속 생활에 적응한 요소가 여럿 눈에 띄지요.

인간의 팔과 손가락 부위에 해당하는 고래의 가슴지느러미는 헤엄칠 때 방향 전환에 이용됩니다. 기본적으로 포유류의 손가락뼈는 한쪽에 14개인데, 고

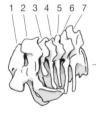

1 2 3 4 5 6 7

목뼈
다른 포유류처럼 고래 목뼈의 개수
자체는 7개이지만, 짧고 결합되어 있다.

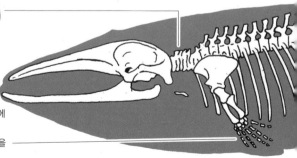

지느러미
주로 헤엄칠 때 방향 전환에
이용한다. 손가락뼈는
인간과 마찬가지로 5개임을
알 수 있다.

래는 지느러미에 힘을 더하기 위해 그 개수가 더욱 늘었습니다.

　헤엄칠 때 추진력을 내는 역할을 하는 것은 꼬리지느러미입니다. 수평으로 뻗어 있는 꼬리지느러미를 위아래로 흔들어 바닷속을 헤엄치는 만큼, 고래는 포유류 중에서도 유달리 꼬리뼈의 개수가 많고 유연히 움직이지요. 대조적으로 고래의 목뼈에는 유연성이 없습니다. 개수는 다른 포유류처럼 7개이지만, 많은 고래 종의 목뼈가 뼈 뭉치처럼 단단히 붙어 있기 때문입니다. 헤엄칠 때는 머리로 물의 저항에 맞서며 헤쳐나가야 하는 만큼, 머리가 이리저리 움직이지 않고 고정되는 편이 더 낫겠지요.

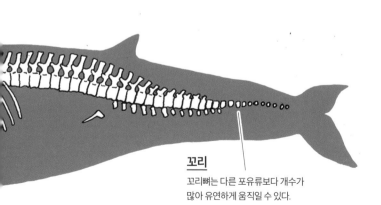

꼬리

꼬리뼈는 다른 포유류보다 개수가
많아 유연하게 움직일 수 있다.

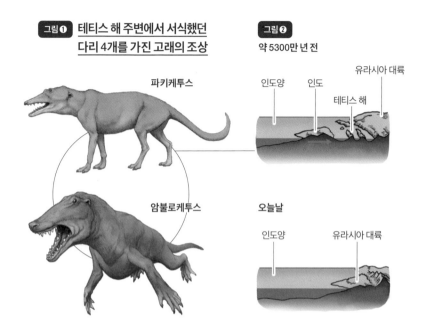

그림 ❶ 테티스 해 주변에서 서식했던 다리 4개를 가진 고래의 조상

파키케투스

암불로케투스

그림 ❷ 약 5300만 년 전

인도양 인도 유라시아 대륙

테티스 해

오늘날

인도양 유라시아 대륙

바다에서 육지로, 그리고 다시 바다로

지금으로부터 약 3억 7000만 년 전, 물고기의 친척 중 지느러미가 4개의 다리로 변화해 육지를 걷게 된 동물이 나타났습니다. 포유류로 분류되는 고래의 조상도 4개의 다리로 걷는 동물이었습니다.

지금까지 알려진 가장 오래되고 원시적인 고래의 조상은 파키케투스(*Pakicetus*)입니다. 그 화석은 인도 서쪽 파키스탄의 약 5300만 년 전 지층에서 발견되었지요. 파키케투스는 긴 주둥이나 치열 등 머리만 보면 고래와 닮았지만, 지느러미가 아니라 4개의 다리가 있었습니다. 또한 그 화석이 발견된 일대에서는 암불로케투스(*Ambulocetus*)나 쿠치케투스(*Kutchicetus*) 등 4개의 다리를 가진 원시 고래 화석이 많이 발견되었습니다. **그림 ❶**

바실로사우루스 전체 몸길이가 20~25미터의 거대 해양 포유류.
이집트나 파키스탄 등, 온난한 해역에서
화석이 발견되고 있다.

전체 몸길이에 비하면
머리가 매우 작아 2미터
정도밖에 되지 않는다.

뒷다리도 작아 육지 시절의 흔적만 남아
있다. 오늘날의 고래처럼 꼬리지느러미를
이용해 헤엄쳤던 것으로 추정한다.

사실 4개의 다리를 가진 고래가 살았던 시대에 인도 일대의 지형은 오늘날과
딴판이었습니다. 인도는 지금보다 남쪽에 고립된 채 바다에 떠 있는 작은 대륙
이었지요. 인도와 유라시아 대륙 사이에는 테티스 해라는 온난하고 얕은 바다가
펼쳐져 있었고요. 그림② 4개의 다리를 가진 고래들은 차례차례 바다로 생활 터전
을 옮기면서 지금 같은 모습으로 진화한 것인지도 모릅니다. 그 뒤 한층 더 물속
생활에 적응해 전 세계로 널리 퍼지게 된 것입니다. 이를 뒷받침하듯 다리가 지
느러미로 변해 고래다운 모습이 된 바실로사우루스(*Basilosaurus*) 등의 화석이 전
세계에서 발견되고 있습니다. 그림③

두더지

Mole

해가 비치는 땅 위에는 거의 모습을 드러내지 않고 어두운 땅속에서 지내는 두더지. 물속보다 훨씬 저항이 큰 땅속을 앞다리로 파고 전진합니다. 그만큼 두더지의 앞다리는 크고 강인하지요. 앞다리 뼈는 굵고 짧고 튼튼해서, 비율로 보면 몸 전체 골격 중 대부분을 차지할 정도입니다.

만약 인간이 같은 구조였다면?

두더지 인간
Mole Human

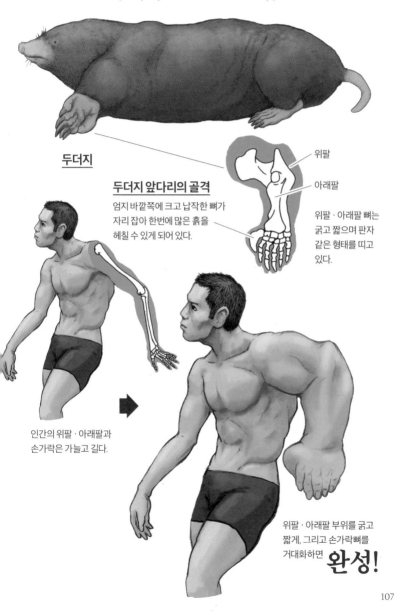

두더지 인간 만드는 법

두더지

두더지 앞다리의 골격

엄지 바깥쪽에 크고 납작한 뼈가
자리 잡아 한번에 많은 흙을
헤칠 수 있게 되어 있다.

위팔

아래팔

위팔 · 아래팔 뼈는
굵고 짧으며 판자
같은 형태를 띠고
있다.

인간의 위팔 · 아래팔과
손가락은 가늘고 길다.

위팔 · 아래팔 부위를 굵고
짧게, 그리고 손가락뼈를
거대화하면 **완성!**

땅을 파는 강인한 앞다리

두더지는 사람과 가까운 곳에 살며 누구나 아는 동물이지만, 땅 위에 나오는 일이 별로 없기에 우리가 모습을 볼 기회는 드뭅니다. 가끔 땅 위에서 죽은 두더지 사체가 발견되다 보니 햇빛을 쬐면 죽는 동물이라는 속설도 있지만, 사실과는 다릅니다. 다만 캄캄한 땅속에서 살기에는 딱히 시력이 필요가 없다 보니 눈이 퇴화한 것은 사실입니다. 때문에 빛에 약한 것은 아님에도 빛을 잘 인식하지 못해 지나치게 햇빛을 쬐는 바람에, 몸이 너무 뜨거워져 약해지는 것이지요. 두더지는 더위뿐만 아니라 추위에도 약한데, 춥지도 덥지도 않은 땅속에서 사는 이유로는 그런 까닭도 있는 셈입니다.

아무튼 두더지는 땅속에서 땅을 파며 이동하는데, 이것은 상당한 중노동입니다. 때문에 두더지는 땅을 파는 앞다리를 크고 튼튼하게 발달시켰습니다. 많은 동물의 앞다리 뼈는 가늘고 길지만, 두더지의 앞다리는 좁은 땅속에서 전진하기 쉽게 굵고 짧고 튼튼합니다. 또한 돌기나 뾰족한 부분이 많은데, 이것은 극한으로 발달한 근육입니다.

두더지는 평영으로 헤엄을 치듯이 땅을 파는데, 바깥쪽을 향해 난 앞발바닥에는 흙을 헤치기 위해 큰 발톱이 있으며 거기에 더해 엄지 바깥쪽에 초승달 형태의 특수한 뼈가 있습니다. 이 뼈 덕분에 앞발바닥의 면적을 키워서 삽처럼 파낸 흙을 뒤쪽으로 치워 버릴 수가 있는 것이지요.

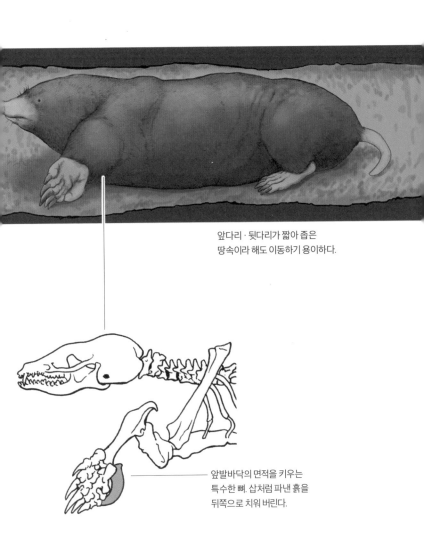

앞다리 · 뒷다리가 짧아 좁은
땅속이라 해도 이동하기 용이하다.

앞발바닥의 면적을 키우는
특수한 뼈. 삽처럼 파낸 흙을
뒤쪽으로 치워 버린다.

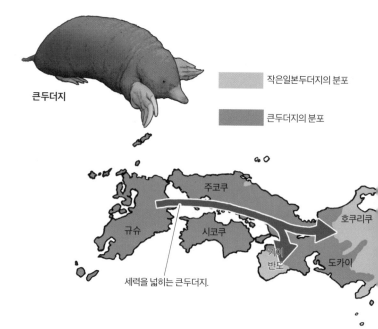

큰두더지

작은일본두더지의 분포

큰두더지의 분포

주코쿠

규슈

시코쿠

기이 반도

호쿠리쿠

도카이

세력을 넓히는 큰두더지.

두더지의 세력 다툼

홋카이도를 제외한 일본 열도에는 5종의 두더지가 서식하고 있습니다. 그중 일본의 양대 파벌로 불리는 두더지가 바로 큰두더지(*Mogera wogura*)와 작은일본두더지(*Mogera imaizumii*)입니다. 이 2종의 두더지가 서식하는 영역을 살펴보면 마치 일본을 동서로 가르듯이 호쿠리쿠와 도카이 일대를 경계로 동쪽은 작은일본두더지, 서쪽은 큰두더지가 서식하고 있습니다.

그러나 일본 동쪽에 분포하는 작은일본두더지는 서쪽 기이 반도 남부에도 드문드문 분포하는 반면, 큰두더지가 동쪽에서 서식하는 사례는 확인된 바가 없습니다. 이 작은일본두더지와 큰두더지의 분포 상황으로 미루어 볼 때 큰두더지가 서쪽 끝에서 서서히 영역을 확장해 작은일본두더지를 동쪽으로 밀어내고 있

작은일본두더지

는 상황으로 추정됩니다.

일설에 따르면 지금으로부터 60만 년 전에서 45만 년 전, 일본 열도는 형성되었지만 인류(호모 사피엔스)가 정착하기 전이었던 그 옛날부터 이미 작은일본두더지와 큰두더지는 세력 다툼을 하고 있었다고 합니다. 당시에는 작은일본두더지가 주코쿠와 시코쿠 일대에도 서식했으며, 대륙에서 일본으로 건너온 큰두더지는 아직 규슈 일대에만 머물러 있었던 것으로 보입니다. 어째서 큰두더지가 우세해진 것인지는 알려진 바가 없지만, 양자의 차이는 큰두더지가 작은일본두더지보다 더 몸집이 크다는 것 정도입니다.

박쥐

Bat

박쥐는 포유류 중 유일하게 날갯짓으로 자
유롭게 하늘을 날 수 있는 동물입니다. 박쥐
의 날개는 앞다리의 발바닥이 크게 변화한
것이지요. 발가락 중 엄지를 제외한 다른 발
가락들은 우산살과 같이 가늘고 길어졌고,
발가락 사이에서 뒷다리에 이르기까지 피막
으로 덮여 있습니다. 이 구조 덕분에 박쥐는
자기 몸보다 큰 날개를 가질 수 있게 된 것입
니다.

만약
인간이 같은
구조였다면?

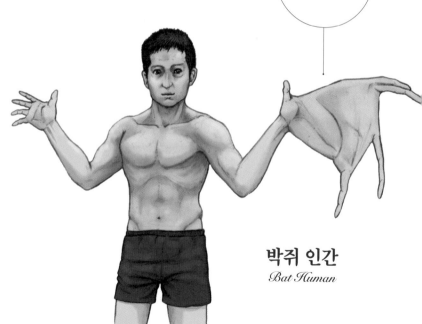

박쥐 인간
Bat Human

박쥐 인간 만드는 법

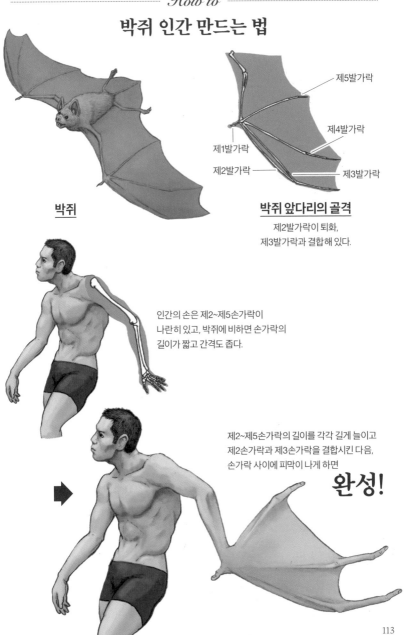

박쥐

박쥐 앞다리의 골격
제2발가락이 퇴화,
제3발가락과 결합해 있다.

제5발가락

제4발가락

제1발가락

제2발가락

제3발가락

인간의 손은 제2~제5손가락이
나란히 있고, 박쥐에 비하면 손가락의
길이가 짧고 간격도 좁다.

제2~제5손가락의 길이를 각각 길게 늘이고
제2손가락과 제3손가락을 결합시킨 다음,
손가락 사이에 피막이 나게 하면

완성!

저절로 잠기는 방식의 뒷다리

박쥐는 포유류 중 유일하게 비행이 가능한 동물입니다. 게다가 날다람쥐처럼 활공하는 것이 아니라 새처럼 날갯짓을 해서 날기 때문에, 먹이인 벌레를 공중에서 포식할 수도 있지요. 그러나 적은 힘으로 날아오르기 위해 박쥐는 몸을 가볍게 할 필요가 있었습니다.

몸통보다 큰 날개를 퍼덕이기 위해 꼭 필요했던 가슴 근육과는 반대로, 박쥐의 뒷다리 근육은 한계까지 퇴화해 뼈와 가죽만 남게 되었습니다. 뒷다리로 걷기는커녕 똑바로 서지도 못해서, 부득이하게 땅에서 이동할 때는 접은 날개와 뒷다리를 이용해 네발로 기듯이 걷는 수밖에 없지요. 새처럼 지상에서 날아오를 수도 없어서, 천장에 거꾸로 매달린 상태에서 비행을 시작해야 합니다.

천장의 돌출부 등을 뒷다리로 붙들 때 박쥐는 근육이 아니라 특수한 '힘줄'을 이용합니다. 힘줄이란 뼈와 근육을 연결하는 줄 같은 것으로, 뒷다리의 발가락이 천장을 붙들면 그 특수한 힘줄에서 톱날과 같은 것이 튀어나와 그 힘줄을 감싸고 있는 '건초(腱鞘)' 안쪽 돌기와 맞물립니다. 이것으로 천장을 붙든 뒷다리의 발가락이 잠금 상태가 되지요. 이 구조 덕분에 박쥐는 의식적으로 힘을 쓰지 않고도 천장에 매달린 채 잠까지 잘 수 있는 것입니다.

매달린 박쥐의 뒷발가락

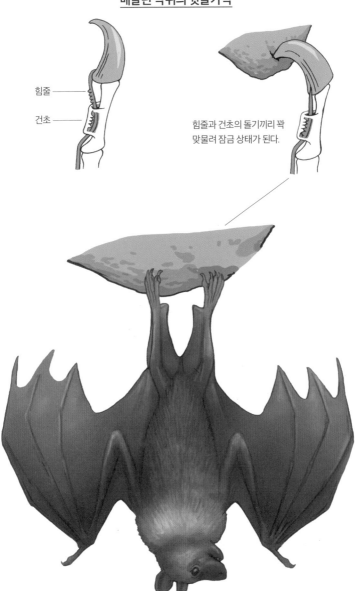

힘줄

건초

힘줄과 건초의 돌기끼리 꽉
맞물려 잠금 상태가 된다.

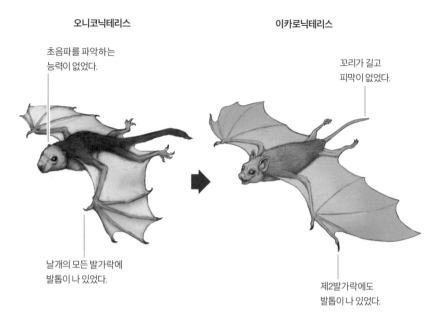

오니코닉테리스

초음파를 파악하는
능력이 없었다.

날개의 모든 발가락에
발톱이 나 있었다.

이카로닉테리스

꼬리가 길고
피막이 없었다.

제2발가락에도
발톱이 나 있었다.

비행 능력과 반향 정위 능력으로 보는 박쥐의 조상

박쥐는 비행 외에도 자신이 발사한 초음파가 반사되는 것을 파악, 장해물이나 먹 잇감의 위치를 알아내는 반향 정위(反響定位) 능력을 가지고 있습니다. 이 두 가지 능력 덕분에 박쥐는 캄캄한 밤하늘을 날며 먹잇감을 사냥할 수 있지요. 이런 동 물은 박쥐 외에는 거의 없어서, 경쟁 상대가 없는 틈새 시장을 잘 파고든 형태로 성공했다고 할 수 있겠습니다.

　그러나 하늘을 나는 생태 때문일까요? 박쥐는 화석이 잘 남지 않고 발견된 화석도 적다 보니, 먼 옛날 박쥐가 어떤 식으로 진화해 왔는지 잘 알려진 바가 없 습니다. 과거 가장 오래된 박쥐의 화석으로 알려져 있었던 것은 지금으로부터 약 5250만 년 전에 서식했던 이카로닉테리스(*Icaronycteris*)입니다. 외모 면에서는 오늘

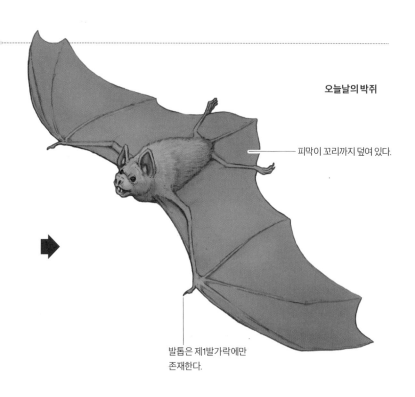

오늘날의 박쥐

피막이 꼬리까지 덮여 있다.

발톱은 제1발가락에만
존재한다.

날의 일반적인 박쥐와 별로 다를 바가 없지만, 가슴 근육을 지지하는 복장뼈(흉골)의 발달이 별로 눈에 띄지 않는 데다, 긴 꼬리에는 피막이 없고 제2발가락에도 발톱이 나 있는 점 등 여러모로 원시적이라고 해도 과언이 아니었습니다.

　그러다가 최근 이카로닉테리스보다 더 원시적인 박쥐, 오니코닉테리스(*Onychonycteris*)의 존재가 보고되었습니다. 발가락 5개 모두에 발톱이 나 있다는 점에서 더욱 원시적일 뿐만 아니라, 무엇보다 반향 정위에 필요한 귀뼈의 특징을 가지고 있지 않습니다. 때문에 박쥐는 먼저 비행 능력을 얻고, 그다음에 반향 정위 능력을 얻는 방향으로 진화한 것으로 추정됩니다.

바다사자

Sea Lion

바다사자(*Zalophus japonicus*)는 주로 바다
에서 활동하는 해양 포유류지만, 육지
로 올라와 육상 보행도 가능합니다. 육
지와 바다 양쪽에서 앞다리를 이용하
기 때문에 앞다리가 발달했지요. 육상
보행을 하는 동물의 앞다리는 팔 뼈가
길고 손가락 뼈는 짧은 것이 일
반적이지만, 바다사자는 물속
에서도 활동하기 때문에 그
비율이 반대입니다.

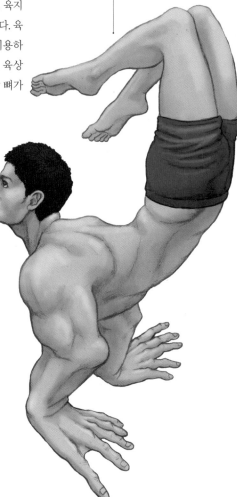

만약
인간이 같은
구조였다면?

바다사자 인간
Sea Lion Human

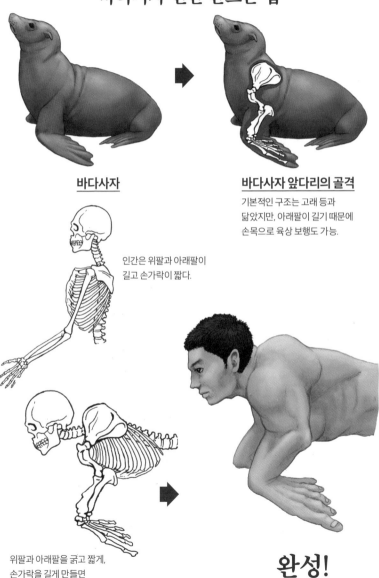

바다사자 인간 만드는 법

바다사자

바다사자 앞다리의 골격

기본적인 구조는 고래 등과
닮았지만, 아래팔이 길기 때문에
손목으로 육상 보행도 가능.

인간은 위팔과 아래팔이
길고 손가락이 짧다.

위팔과 아래팔을 굵고 짧게,
손가락을 길게 만들면

완성!

수륙 양서형 포유류 앞다리의 차이

바다사자처럼 다리가 지느러미 형태로 변화한 동물은 분류상 '기각류 (Pinnipedia)'라는 그룹에 속합니다. 이 분류군은 바다사자 외에도 큰바다사 자(*Eumetopias jubatus*)나 바다표범, 바다코끼리 등 다양한 종을 포함하고 있습니다.

큰바다사자나 물개아과(Arctocephalinae)는 바다사자의 친척이지만, 바다 표범은 바다사자의 친척이 아닙니다. 바다표범도 바닷속을 헤엄칠 뿐만 아니라 육지로 올라와 육상 보행도 하지만, 걷고 헤엄치는 방식이 크게 다르지요. 바다사자와 그 친척들은 앞다리를 이용해 헤엄치지만, 바다표범은 몸 뒤쪽으로 뻗어 있는 뒷다리를 꼬리지느러미처럼 이용해 온몸을 흔들듯이 헤엄칩니다. 바다표범은 물속에서는 바다사자보다 빠른 속도를 낼 수 있지만, 육상 보행에는 별로 능숙하지 못합니다. 일단 뒷다리가 몸 뒤쪽으로 뻗어 있기에 땅 위에서는 뒷다리를 앞으로 내밀 수 없지요. 앞다리도 빈약해서 4개의 다리로 몸통을 질질 끌며 애벌레처럼 기듯이 이동합니다. 반면에 바다사자는 땅 위에서 뒷다리를 앞으로 내밀 수 있기 때문에, 발달한 앞다리로 윗몸을 일으킨 채 4개의 다리로 몸을 지탱하며 걷습니다.

바다사자와 바다표범 외에 다른 기각류로는 바다코끼리와 그 친척들이 있습니다. 이들은 바다표범과 같이 뒷다리를 흔들며 헤엄치면서도 또한 바다사자와 같이 뒷다리를 앞으로 내밀어 4개의 다리로 보행할 수도 있지요. 바다사자와 바다표범의 중간적인 구조라고 보면 되겠습니다.

바다사자와 그 친척들

뒷다리를 앞으로
내밀고 보행 가능.

앞다리로 헤엄친다.

바다표범과 그 친척들

뒷다리를 이용해
헤엄치지만,
보행에는 이용 불가.

바다코끼리와 그 친척들

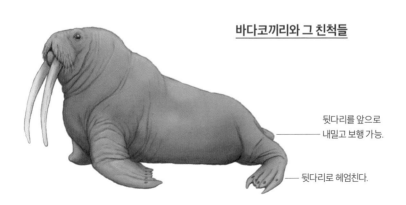

뒷다리를 앞으로
내밀고 보행 가능.

뒷다리로 헤엄친다.

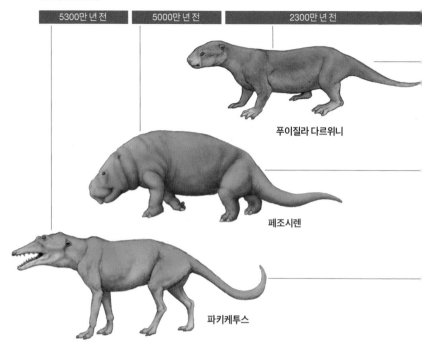

| 5300만 년 전 | 5000만 년 전 | 2300만 년 전 |

푸이질라 다르위니

페조시렌

파키케투스

4족 보행 했던 바다사자의 조상

바다사자 같은 기각류 외에도 해양 포유류로는 고래나 듀공 등이 있습니다. 해양 포유류는 진화 과정에서 물속 생활에 적응한 동물로, 그 조상은 지느러미가 아니라 4개의 다리로 육상 보행했음을 시사하는 화석이 이미 발견된 바 있습니다. 고래는 5300만 년 전의 파키케투스, 듀공 같은 바다소목(Sirenia)은 5000만 년 전의 페조시렌(*Pezosiren*)이 조상에 해당합니다.

당연히 바다사자의 조상도 육상 보행을 했으리라는 상상이 가지만, 그것을 시사하는 화석은 아직 발견된 바 없었습니다. 그런데 2007년 캐나다 북극권 데번 섬에서 2300만 년 전 운석이 떨어져 생긴 허튼 크레이터 조사 중에 우연히 지느러미로 변화하지 않은 다리를 가진 바다표범 화석이 발견되었습니다. 푸이질

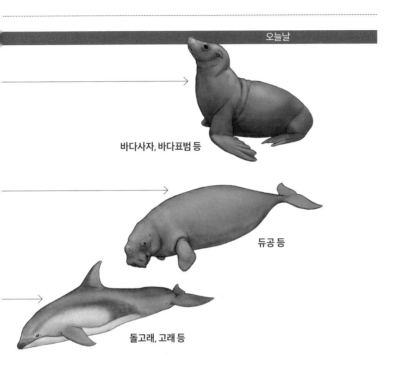

바다사자, 바다표범 등

듀공 등

돌고래, 고래 등

라 다르위니(*Puijilla darwini*)라고 명명된 이 새로운 종은 기각류에게는 없는 긴 꼬리를 가지고 있었고, 그 외모는 수달을 빼닮았으며, 북극권의 호수나 강과 같은 민물에서 서식했습니다. 당시 북극권은 따뜻했지만, 극심한 기후 변화가 시작되면서 환경에 적응하기 위해 점차 바다에서 서식하게 된 것으로 추정합니다. 전에는 기각류가 북아메리카 서북부 해안에서 진화했다는 것이 정설이었지만, 푸이질라의 화석이 북극권에서 발견되었다는 사실은 그 정설이 뒤집힐 가능성을 시사하고 있습니다.

포유류(물속·땅속·하늘)

하마

Hippopotamus

하마 하면 어쩐지 온화한 이미지가 있지만, 실은 영역 의식이 강하고 호전적인 동물입니다. 엄니가 난 입을 크게 벌리고 상대를 위협하는데, 인간이 입을 벌리는 각도는 30도 정도이지만 하마의 입은 150도나 벌어지지요.

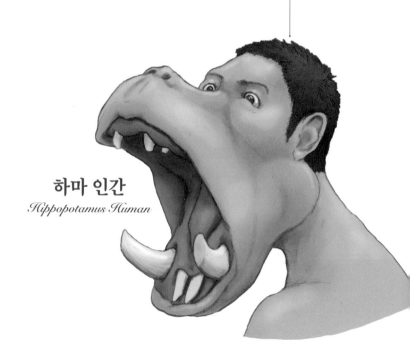

만약 인간이 같은 구조였다면?

하마 인간
Hippopotamus Human

하마 인간 만드는 법

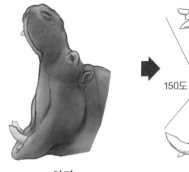

150도

턱관절이 머리뼈
뒤쪽에 있으며,
발달한 턱뼈와
근육으로 입을
150도까지나
벌릴 수 있다.

하마

하마의 골격

30도

인간의 턱은 아무리 벌려도
가동 범위는 30도가 한계.

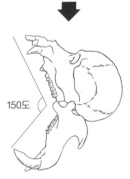

150도

턱뼈 자체를 거대화하고
앞으로 밀어낸 뒤, 가동 범위를
150도까지 확장한다.

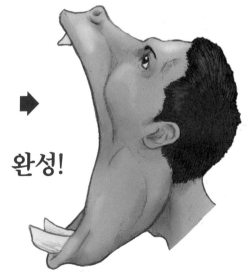

완성!

이미지를 배반하는 육체 구조

하마의 얼굴은 둥글둥글해 온화해 보이지요. 하지만 그 골격을 살펴보면 큰
놈은 50센티미터나 되는 거대한 엄니가 삐죽삐죽 나 있는 모습이 상당히 험
상궂습니다.

이 차이와 마찬가지로 하마는 외모만 봐서는 상상도 하지 못할 만큼 위험
하고 공격적입니다. 동물이 일으키는 인명 사고 중 가장 건수가 많은 것이 사
자도 악어도 아닌, 바로 하마에 의한 인명 사고라고 하지요. 하마의 무는 공격
은 실로 강력해서, 악어의 몸통도 두 동강 낼 수 있을 정도입니다. 그러나 기
본적으로 초식 동물이어서 먹이는 어금니를 이용해 씹습니다.

하마는 낮에는 물속에서 지내다가 밤이 되면 땅 위로 올라와 풀을 먹는
초식 동물이지만, 얼룩말 같은 동물의 사체를 먹는 모습도 보고된 바 있습니
다. 동료와 함께 임팔라(*Aepyceros melampus*)를 포식하는 현장이 촬영되어 세계적
인 반향을 부르기도 했지요.

드럼통처럼 커다란 몸통에 짧은 다리를 보면 달리기에 불리해 보이지만,
땅을 달리는 속도는 의외로 시속 40킬로미터에 달한다고 합니다. 다리의 골
격을 살펴보면 몸에 비해 길고, 말이나 개처럼 발뒤꿈치가 인간보다 위쪽에
자리 잡고 있어 실은 달리기 유리한 구조임을 알 수 있습니다. 외모나 이미지
를 이 정도까지 배반하는 동물이 또 있을까요.

하마의 눈

눈은 머리뼈 위쪽에 있다.
덕분에 물속에서 눈과
코만 내놓고 땅 위의
상황을 살필 수 있다.

하마의 이빨

바깥쪽 거대한 송곳니는 씹는
데 이용하지 않고, 안쪽의
어금니로 풀을 씹어 먹는다.

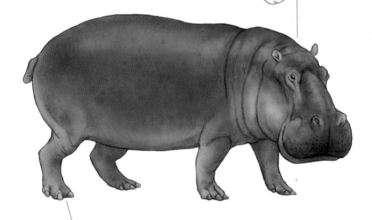

하마의 다리

물속에서 지내는 시간이 길어서
장시간 몸을 지탱할 필요가 없다.
때문에 코끼리 등 대형 육지 동물과
비교하면 다리가 작은 편이다.

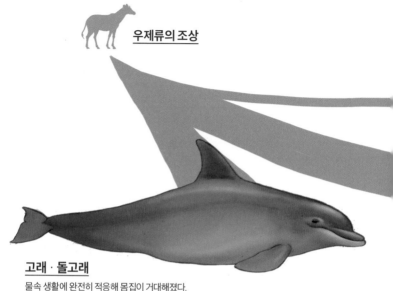

우제류의 조상

고래 · 돌고래
물속 생활에 완전히 적응해 몸집이 거대해졌다.

의외의 조상

외모만 봐서는 상상이 가지 않을 정도로 의외성이 큰 하마지만, 또 한 가지 의외의 사실이 밝혀졌습니다. 최신 유전자 분석 연구 결과에 따르면, 하마는 고래와 계통상 가까운 사이였던 것입니다.

하마는 소를 비롯해 낙타, 기린 등이 속한 우제류(偶蹄類, Artiodactyla)에 속하는 동물입니다. 2개 또는 4개의 발굽을 가진 동물이라 발굽(蹄)이 짝수(偶)라는 뜻으로 이름이 붙었는데, 고래도 우제류에 속한다는 새로운 견해가 등장한 것이지요. 그로 인해 탄생한 새로운 그룹명이 '경우제류(Cetartiodactyla)'입니다.

하마와 고래가 친척이라니 상상하기 어렵지만, 고래와 그 친척들도 거슬러 올라가면 그 조상은 지금으로부터 약 5300만 년 전 소나 하마와 같이 4개의 다

소

하마

DNA 분석 결과 고래와 가장
가까운 동물은 하마였다.

리로 보행하던 동물이었습니다. (104~105쪽 참조) 4족 보행을 하던 고래의 조상은
물속으로 삶의 터전을 옮기는 진화 과정에서 모습이 변했지요. 물속에서 지낼
때가 많은 하마도 수면에 얼굴을 내놓기 쉽도록 눈과 코가 머리 높은 곳에 자리
잡는 등 물가에서 살기에 편한 몸이 되었지만, 고래는 다리나 꼬리 끝을 지느러
미로 바꾸고 물속에 완전히 적응한 몸이 되었습니다. 때문에 하마나 소와는 완
전히 모습이 달라진 것입니다. 이처럼 계통상 가까운 동물이라도 진화 과정에서
서식 환경에 적응해 크게 모습이 변하는 일도 흔히 있는 모양입니다.

천산갑
천산갑의 비늘은 아시아와
아프리카에서 약 재료로
인기 있어 밀렵이 끊이지
않는다.

호저
등과 목 뒤에 난 가시를 거꾸로 세워
적을 위협한다. 적을 향해 뒷걸음질로
돌진, 가시로 공격할 때도 있다.

털을 무기로 변화시킨 동물들

많은 포유류는 몸이 체모로 뒤덮여 있습니다. 체모는 체온 보존 및 피부 보호 등
의 역할을 하는데, 이 체모를 변화시켜 몸을 지키는 무기로 이용하는 동물도 존
재합니다. 예를 들어 호저(*Hystrix cristata*)는 등에 날카롭고 가느다란 가시가 수없
이 나 있는데, 체모가 변화한 이 가시는 매우 단단해 고무 장화도 꿰뚫을 정도입
니다. 그 밖에 아르마딜로와 비슷한 동물인 천산갑은 온몸이 단단한 비늘로 뒤
덮여 있는데, 이 또한 체모가 변화한 것입니다. 이 비늘은 아르마딜로처럼 단단
한 갑옷 역할을 하는 동시에 매우 날카로워 꼬리 비늘은 공격용 무기로 이용되기
도 합니다.

Chapter.4

조류

Birds

새

Bird

새는 큰 날개를 퍼덕여 힘차게 하늘을 납니다.
그것은 대단히 격렬한 운동이기 때문에 날개
를 움직이는 가슴 근육이 발달할 수 밖에 없지
요. 또한 그 근육을 지지하는 복장뼈도 대단
히 커서, 전체 골격을 봐도 확연히 눈에 띕니다.
하늘을 날기 위해서는 몸을 가볍게 하는 일이
꼭 필요하지만, 아무리 가볍게 하려 해도 가슴
근육만은 줄일 수 없었던 모양입니다.

만약
인간이 같은
구조였다면?

새 인간
Bird Human

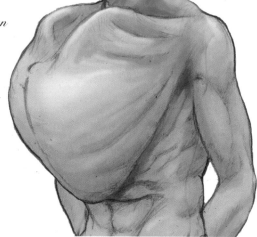

새 인간 만드는 법

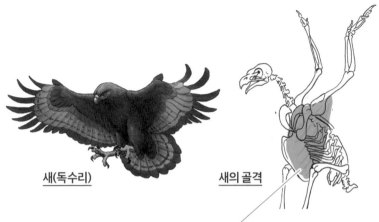

새(독수리)　　　　　　**새의 골격**

거대하고 납작한 복장뼈 · 용골돌기가
날갯짓하는 근육을 지지한다.

인간의 근육도 훈련 등으로
발달시킬 수 있다.

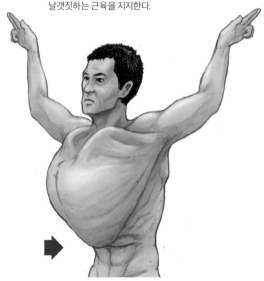

빗장뼈를 돌출시키고
비정상적일 정도로
가슴 근육을 발달시키면

완성!

날갯짓하는 새의 가슴 근육

가정에서 흔히 요리해 먹는 닭고기 중 인기 있는 부위로는 가슴살, 안심살, 다리살 세 가지가 있지요. 이중 날갯짓을 담당하는 근육은 가슴살과 안심살입니다. 가슴살의 정체는 큰가슴근이라는 근육으로, 새는 날갯짓할 때 이 큰가슴근을 수축시켜 날개를 힘차게 휘둘러 내립니다. 그림❶

가슴살에 감싸여 안쪽에 있는 것은 안심살입니다. 안심살은 작은가슴근이라는 근육으로, 새는 이 근육을 수축시켜 날개를 휘둘러 올립니다. 그림❷ 이 행동을 번갈아 함으로써 날갯짓이 이루어지는 것입니다. 하늘을 나는 동안에는 항상 날개를 퍼덕여야 하는 만큼 그 운동량은 막대해서, 새는 큰가슴근과 작은가슴근 같은 가슴 근육이 대단히 발달했습니다.

새는 하늘을 날기 위해 여러 뼈를 결합시키고 뼛속에 빈 곳을 만드는 등 몸무게를 최대한 줄였지만, 날갯짓하는 근육을 지지하려면 큰 뼈가 필요합니다. 때문에 새에게는 특수한 뼈가 하나 있지요. 인간에게는 가슴 중앙, 목 아래에서부터 명치까지 이르는 복장뼈가 있는데, 새에게는 이 복장뼈로부터 돌출한 '용골돌기(竜骨突起)'가 있습니다. 그림❸ 이 돌출한 용골돌기와 발달한 가슴 근육으로 새는 어깨가 좁고 가슴이 나온, 이른바 '새가슴'이 되는 것입니다.

새의 날갯짓 원리

날개를 휘둘러 내릴 때
큰가슴근을 이용한다.

그림 ❷

날개를 휘둘러 올릴 때
작은가슴근을 이용한다.

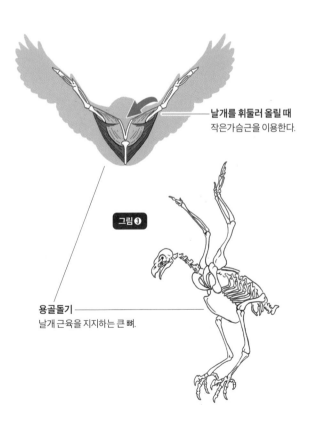

그림 ❸

용골돌기
날개 근육을 지지하는 큰 뼈.

그림 ❶

시조새 런던 표본
1861년 최초로 보고된 표본.

시조새 베를린 표본
1877년 두 번째로 보고된 가장 유명한 표본.

최초의 새, 시조새

우리가 '새'라고 부르는 동물이 지구상에 처음으로 등장한 것은 지금으로부터
1억 5000만 년 전의 먼 옛날입니다. 바로 시조새(*Archaeopteryx*)이지요. 시조새 화석
은 독일 남부에서 발견되었는데, 곧 화석 산지 중에서도 가장 유명한 지역이 되
었습니다. 시조새 화석이 처음으로 발견된 1861년이, 찰스 로버트 다윈(Charles
Robert Darwin)이 『종의 기원(*On the Origin of Species*)』을 출판해 기존의 기독교적 가치
관을 송두리째 뒤집어 버리던 시기로부터 2년밖에 지나지 않은 시점이었기 때문
입니다. 시조새의 화석에는 몸을 뒤덮은 깃털과 날개의 흔적이 확연히 남아 있어
얼핏 보면 새라고 생각할 만한 외모였지만, 이빨이나 긴 꼬리 등 파충류와 같은
특징도 있었지요. 그야말로 파충류에서 조류로의 진화 과정에 있는 화석으로서,

그림 ❷

시조새 상상도

시조새의 골격

새의 골격

날갯짓하는 근육을 지지하는
용골돌기가 있다.

진화론을 강하게 뒷받침하는 증거였던 것입니다. **그림❶**

한편 파충류와 조류 양쪽의 특징을 가졌던 시조새는 새처럼 어엿한 날개는
있었지만, 그것을 힘차게 퍼덕일 가슴 근육은 없었으리라 추정됩니다. 그 근육을
지지할 용골돌기가 시조새에게 없었기 때문이지요. 최근 연구에 따르면 뒷다리
와 파충류 같은 긴 꼬리에도 깃털이 나 있어서, 사실상 총 5개의 날개가 있었다는
사실이 밝혀졌습니다. 때문에 날개를 퍼덕이지는 못해도 5개의 날개를 펼쳐 글
라이더처럼 높은 곳에서 낮은 곳으로 활공했을 것으로 추정합니다. **그림❷**

플라밍고

Flamingo

동물원에서 많이 본 플라밍고의
쭉 뻗은 길고 가느다란 다리. 그
러나 길고 가느다란 것은 다리 전
체가 아니라 무릎 아래뿐입니다.
우리가 본 다리의 관절 부분은
발목에 해당하며, 무릎은 깃털에
가려져 밖에서는 보이지 않지요.
이 무릎은 항상 구부린 상태로,
숨어 있는 허벅지는 무릎 아래보
다 훨씬 짧습니다.

만약
인간이 같은
구조였다면?

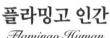

플라밍고 인간
Flamingo Human

플라밍고 인간 만드는 법

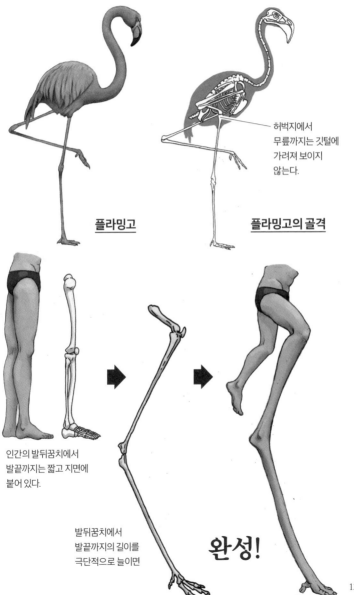

플라밍고

플라밍고의 골격

허벅지에서
무릎까지는 깃털에
가려져 보이지
않는다.

인간의 발뒤꿈치에서
발끝까지는 짧고 지면에
붙어 있다.

발뒤꿈치에서
발끝까지의 길이를
극단적으로 늘이면

완성!

플라밍고가 외다리로 서 있는 이유

수만 마리의 거대한 무리를 이루어 소금 호수나 알칼리성 호수 같은 물가에서 지내는 플라밍고. 좌우 번갈아 가면서 항상 외다리로 서 있는 습성으로 유명하며, 심지어 외다리로 잠도 잘 수 있을 정도이지요. 이처럼 플라밍고가 항상 외다리로 서 있는 이유와 관련해서는 다양한 설이 있습니다. 물속에서는 양다리보다 외다리 쪽이 체온을 덜 빼앗기기 때문이라든가, 좌우 번갈아 가며 외다리로 서 있는 편이 피로를 줄일 수 있기 때문이라는 등, 하지만 모두 가설일 뿐 결론은 난 바 없었습니다.

그런데 플라밍고의 이러한 습성을 해명하고자 조지아 공과 대학교의 장용휘 교수와 에모리 대학교의 레나 팅(Lena Ting) 교수 두 사람이 연구에 나섰습니다. 플라밍고 사체의 골격이나 구조를 조사해 보니 플라밍고는 외다리로 서 있을 때 구부러진 무릎의 위치가 몸의 중심에 오는 구조로, 외다리 쪽이 더 균형을 잘 잡을 수 있음이 판명되었지요.

인간의 몸은 눈감은 채 한쪽 다리만으로 균형을 잡고 서 있기가 대단히 어렵습니다. 반대로 플라밍고는 양다리보다 외다리로 서 있는 편이 더 자연스러운 구조였던 것입니다.

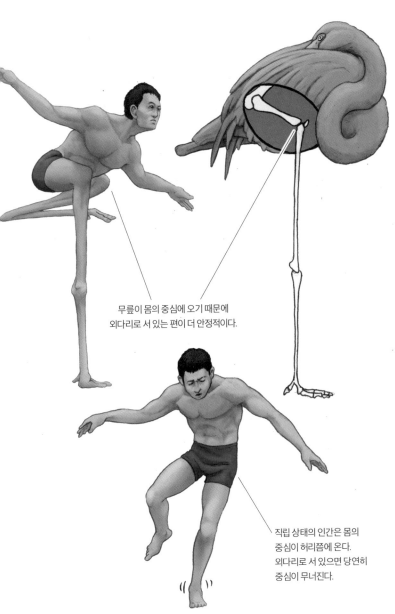

무릎이 몸의 중심에 오기 때문에
외다리로 서 있는 편이 더 안정적이다.

직립 상태의 인간은 몸의
중심이 허리쯤에 온다.
외다리로 서 있으면 당연히
중심이 무너진다.

체형이 비슷해 근연 관계로
여겨졌지만 실은 먼 관계.

황새

새롭게 밝혀진 플라밍고의 친척

최근 들어 분자 계통학에 따른 조류의 생물 계통 분류에 대규모 수정이 있었습니다. 분자 계통학이란 생물의 진화 과정에서 DNA는 일정한 속도로 변화한다는 발상을 근거로 생물이 거쳐 온 계통이나 역사를 되짚는 학문으로, 유전 정보의 차이가 작을수록 근연 관계로 추정합니다. 예를 들면 인간과 침팬지는 유전 정보의 차이가 극히 작아서 대단히 가까운 근연 관계라는 식입니다.

플라밍고는 그동안 체형이 비슷하다는 이유로 황새와 근연 관계로 여겨져 왔었는데, 사실은 논병아리라는 물새와 근연 관계임이 분자 계통학으로 밝혀졌습니다. 논병아리는 플라밍고와 같이 긴 목도, 쭉 뻗은 가늘고 긴 다리도 가지고 있지 않지요. 오리 같은 체형의 전형적인 물새로, 많은 시간을 물 위에서 떠다니

플라밍고

생활 양식이나 체형은 다르지만 근연 관계.
공통점은 발가락 사이의 피막 정도이지만,
논병아리의 피막은 물을 박차기 위한 것,
플라밍고의 피막은 진흙에 빠지지 않기
위한 것으로, 그 용도가 전혀 다르다.

논병아리

며 보냅니다. 또한 잠수에 능하고 다리가 몸 뒤쪽으로 나 있어 물을 뒤로 힘껏 찰 수 있는 것이 특징이지요. 그러나 물속에서는 큰 추진력을 얻지만, 땅 위에서는 균형을 잡고 서기 어렵다 보니 걸어 다니는 일은 거의 없습니다.

그런 점에서도 역시 땅 위에서 외다리로 선 채 잠도 잘 수 있는 플라밍고와는 차이가 큽니다. 플라밍고도 논병아리도 각자 독특하게 진화해 형태도 생활 양식도 크게 다르지만, 그래도 친척임은 틀림없습니다. 새가 거쳐 온 진화 과정도 상당히 복잡한 것 같습니다.

조류

올빼미

Owl

인간의 목뼈 개수는 7개이지만, 올빼미는 그 2배인 14개나 됩니다. 목뼈 관절이 더 많은 만큼 유연성도 커 목의 가동 범위도 넓지요. 인간은 왼쪽으로 90도, 오른쪽으로 90도밖에 돌아가지 않지만, 올빼미는 좌우 어느 쪽으로든 270도까지 목을 돌릴 수 있습니다.

만약 인간이 같은 구조였다면?

올빼미 인간
Owl Human

올빼미 인간 만드는 법

올빼미

길지는 않지만 작은
뼈가 많이 연결되어
가동성이 뛰어나다.

올빼미의 골격

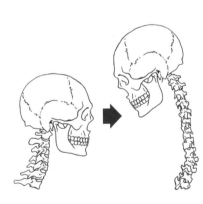

인간의 목뼈는 7개.

목뼈와 관절 개수를
늘리고 유연하게
돌아가게 한다.

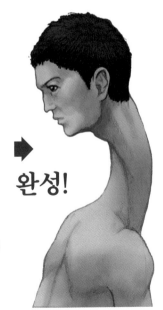

완성!

145

올빼미가 목을 잘 움직이는 이유

얼굴을 완전히 뒤로 돌릴 수 있을 정도로 유연한 목을 가진 올빼미는 목뼈의 개수가 인간의 2배나 됩니다. **그림❶** 그 유연한 목으로 고개를 갸웃거리기도 하는 등, 하여간 잘 움직이지요. 어째서 그런가 하면, 눈이나 귀로 주변 상황을 자세히 알아내기 위해서입니다. 다른 새는 머리 양옆에 눈이 있지만, 올빼미는 인간이나 고양이 같은 육식 동물처럼 양쪽 눈 모두 머리 앞에 달려 있습니다. 두 눈으로 사물을 입체적으로 볼 수도 있고, 눈 하나만으로 볼 수도 있지만, 올빼미의 눈알은 원통 형태로 눈구멍에 고정되어 있다 보니 눈알만 움직일 수는 없지요. 때문에 유연하게 움직일 수 있는 목을 돌려 수시로 주변 상황을 둘러보는 것입니다.

그러나 야행성인 올빼미가 사냥할 때 의지하는 것은 눈이 아니라 귀입니다. 올빼미의 귀는 다른 동물에게서 볼 수 없는 구조로, 귓구멍의 높이나 방향이 좌우로 어긋나 있습니다. **그림❷** 소리가 들리기까지의 시간이나 소리의 세기가 좌우로 차이가 나서, 어느 쪽 귀냐에 따라 다르게 들리지요. 고개를 자꾸만 갸웃거리는 이유는 양쪽 귀의 위치를 계속 바꿔 가면서 소리의 방향과 거리를 파악하기 위해서입니다. 부엉이는 이 특수한 귀 덕분에 캄캄한 곳에서도 소리만으로 쥐 같은 먹잇감의 위치를 정확하게 알아낼 수 있습니다.

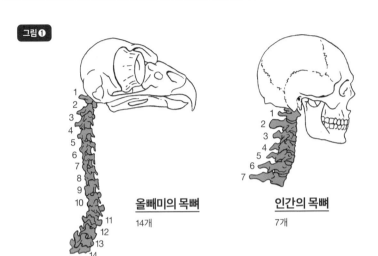

올빼미의 목뼈
14개

인간의 목뼈
7개

올빼미의 머리뼈(정면)

귀

귀

귀의 위치가 좌우로 어긋나 있다.

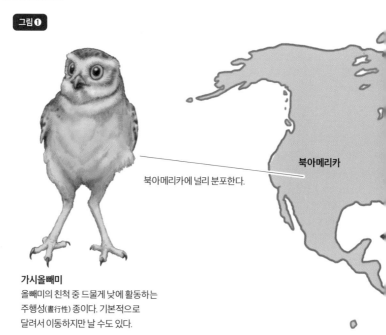

그림 ❶

북아메리카

북아메리카에 널리 분포한다.

가시올빼미
올빼미의 친척 중 드물게 낮에 활동하는
주행성(晝行性) 종이다. 기본적으로
달려서 이동하지만 날 수도 있다.

먼 옛날에 존재했던 달리는 거대 올빼미

야행성인 올빼미 중에도 낮에 활동하는 흔치 않은 종이 있지요. 바로 가시올빼미(*Athene cunicularia*)입니다. 그림❶ 북아메리카 대초원에서 서식하며, 긴 다리로 땅위를 뛰어다니다가 굴을 파고 땅속에서 지냅니다. 여타 올빼미와는 생태가 전혀 다른 별난 종이지요. 굴을 판다고는 하지만 직접 파는 경우는 적고, 프레리독이 판 굴을 더 넓게 확장하는 식으로 이용합니다.

이렇게 별난 가시올빼미와 닮은 친척은 먼 옛날에도 있었는데, 바로 오르니메갈로닉스(*Ornimegalonyx*)입니다. 그림❷ 오르니메갈로닉스가 서식했던 곳은 카리브 해의 섬나라 쿠바입니다. 바다로 격리된 꼴이기 때문에 포유류는 쥐의 친척이나 소형 땅늘보 정도뿐, 늑대 같은 육식 동물은 없었지요. 오르니메갈로닉스는

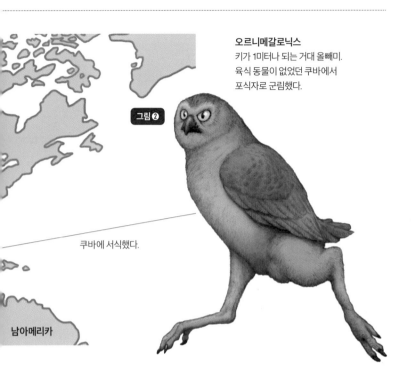

오르니메갈로닉스
키가 1미터나 되는 거대 올빼미.
육식 동물이 없었던 쿠바에서
포식자로 군림했다.

그림 ❷

쿠바에 서식했다.

남아메리카

올빼미의 친척치고는 몸집이 컸는데, 가시올빼미와 같이 긴 다리로 서면 그 키가 1미터나 되었습니다. 그러나 날개가 작고 비행을 위한 근육을 지지하는 복장뼈의 용골돌기가 별로 발달하지 않았던 것으로 볼 때, 하늘은 날지 못했으리라 추정됩니다. 육식 동물이 없었던 이 섬에서 늑대의 생태적 지위를 대체하는 육식성 새로서, 오르니메갈로닉스는 지상을 뛰어다니며 쥐나 땅늘보를 포식했을 것입니다.

펭귄

Penguin

펭귄은 다른 새보다 특이한 자세에, 어색한 걸음으로 인간과 같은 직립 2족 보행을 하는 것처럼 보이지요. 그러나 겉보기에만 그럴 뿐, 깃털에 가려져 전체가 보이지 않는 펭귄의 다리는 항상 무릎을 구부린 상태로 허벅지 부분은 직립 상태가 아닙니다.

만약 인간이 같은 구조였다면?

펭귄 인간
Penguin Human

펭귄 인간 만드는 법

펭귄

날 수 없지만
용골돌기는
발달했다.

기본적으로 무릎을
구부린 상태이지만
깃털에 가려져 직립
상태로 보인다.

펭귄의 골격

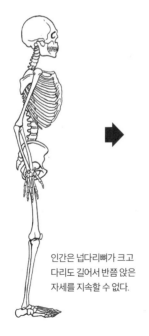

인간은 넙다리뼈가 크고
다리도 길어서 반쯤 앉은
자세를 지속할 수 없다.

복장뼈를 키우고
다리를 짧게 줄이면

완성!

151

물속 생활에 적응한 뼈

새는 하늘을 날기 위해 몸무게를 줄일 필요가 있습니다. 때문에 턱은 무거운 이빨을 버리고 가벼운 부리가 되었지요. 또한 먹은 것을 금세 배설할 수 있도록 진화해, 소변을 모아 두는 방광도 없습니다. 이렇듯 새의 몸은 몸무게를 줄이기 위한 다양한 묘수로 가득한데, 그중 가장 놀라운 신의 한 수는 뼛속이 텅 비어 있다는 점입니다. 몸을 지탱하는 뼈가 비어 있다고 하니 걱정되기도 하지만, 뼛속 빈 공간 곳곳에 지지대와 같은 기둥이 있어 강도가 보장됩니다.

그러나 펭귄은 하늘 대신 주로 물속에서 활동하는 새입니다. 뼈를 가볍게 할 필요도 없을 뿐만 아니라, 뼛속이 비어 있으면 부력 때문에 잠수하기 힘들 뿐이지요. 때문에 펭귄의 뼈는 다른 새처럼 텅 빈 것이 아니라 속이 꽉 찬 무거운 뼈가 되었습니다. 이 뼈를 무게추로 삼아 편하게 잠수하는 것입니다.

게다가 날개에도 특징이 있습니다. 펭귄의 날개는 고래나 바다사자 등과 같이 (넓적한 지느러미 모양의) 플리퍼로 변화했습니다. 날개 뼈 부분이 1장의 판자처럼 합쳐지고 관절 부분도 고정되어 가동성은 잃었지만, 펭귄은 이 플리퍼를 퍼덕여서 물을 헤치고 나아가 시속 30킬로미터의 속도로 물속을 헤엄칠 수 있습니다.

날개 뼈 부분이 1장의 판자처럼 합쳐지고
관절 부분도 고정되어 있다. 물을 헤치며
나아가기 위해서는 고정된 판자와 같은
형태가 더 유리하기 때문이다.

뼛속이 꽉 차
있어 무겁다.

펭귄

잠수를 위해 뼛속이 꽉 차 있다.
날개는 1장의 판자와 같은 형태로,
물속을 헤엄치는 데 유리하다.

날개가 가늘고 길며 접이식으로
관절이 잘 구부러진다.

뼛속이 텅 비어
있어 가볍다.

다른 새

하늘을 날기 위해 뼛속이 텅 비어
있다. 날개도 복잡한 형태이다.

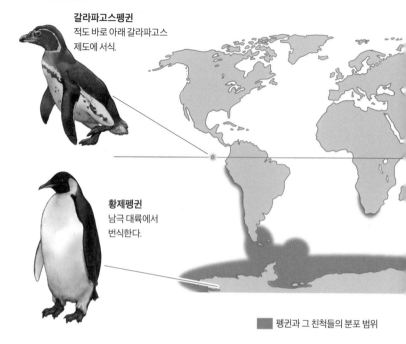

갈라파고스펭귄
적도 바로 아래 갈라파고스
제도에 서식.

황제펭귄
남극 대륙에서
번식한다.

■ 펭귄과 그 친척들의 분포 범위

북반구의 유사 펭귄

현재 펭귄과 그 친척들로는 황제펭귄(*Aptenodytes forsteri*)을 비롯해 19종이 알려져 있으며, 서식 범위는 남극 대륙 주변 등 대부분이 남반구에 한정되어 있습니다. 펭귄 하면 추운 곳에서 산다는 이미지가 강하지만, 적도 바로 아래인 갈라파고스 제도에서 서식하는 갈라파고스펭귄(*Spheniscus mendiculus*)도 있지요. 적도 근처라 지만 남극해에서 남아메리카 서해안을 따라 페루 해류라는 차가운 해류가 흐르기 때문에, 그 해류가 지나는 갈라파고스 제도는 비교적 서늘한 기후입니다. 역시 펭귄과 그 친척들은 더위에 약해서 적도를 넘어 북반구로 분포 범위를 확장할 수는 없나 봅니다.

먼 옛날에는 북반구에서도 펭귄의 친척이 서식했을 가능성이 있습니다. 지

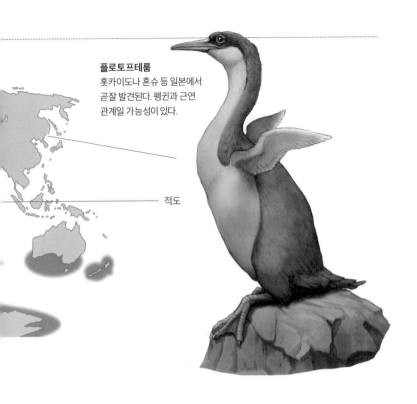

플로토프테룸
홋카이도나 혼슈 등 일본에서 곧잘 발견된다. 펭귄과 근연 관계일 가능성이 있다.

적도

지금으로부터 3500만 년 전부터 1700만 년 전까지 북태평양 연안에는 플로토프테룸(*Plotoperum*)이라는 바닷새가 서식하고 있었지요. 모습이나 생태가 펭귄을 닮았지만, 골격의 형태 등으로 미루어 볼 때 펠리컨의 친척으로 추정했기 때문에 '유사 펭귄'이라고 불렸습니다.

그러나 최근 연구에 따르면, 머리 화석으로 뇌의 형태를 유추한 결과 펠리컨보다 펭귄의 뇌에 가까웠음이 밝혀졌지요. 동물은 근연 관계일수록 뇌의 형태도 비슷하다고 하는 만큼, 플로토프테룸이 진짜로 펭귄의 친척이었을 가능성이 높아진 것입니다.

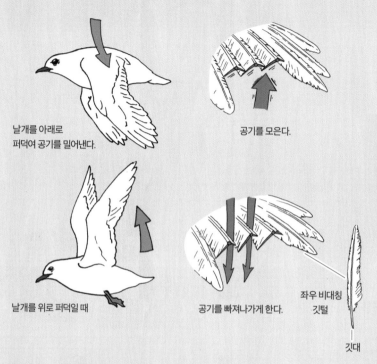

날개를 아래로
퍼덕여 공기를 밀어낸다.

공기를 모은다.

날개를 위로 퍼덕일 때

공기를 빠져나가게 한다.

좌우 비대칭
깃털

깃대

새의 날갯짓 원리

새의 날개 뒤쪽에 나 있는 깃털을 칼깃이라고 하는데, 이 깃털은 깃대를 기준으로 좌우 비대칭입니다. 바로 이 형태가 날갯짓할 때 중요한 작용을 하지요. 새는 큰 날개를 아래로 퍼덕여 공기를 밀어냄으로써 추진력을 얻습니다. 한편 위로 퍼덕일 때는 아래로 퍼덕일 때와 마찬가지로 공기의 저항을 받을 것 같지만, 깃털이 좌우 비대칭이기 때문에 면적이 넓은 쪽을 아래로 기울여 깃털 사이로 공기가 빠져나가게 할 수 있지요. 요컨데 새의 날개는 열렸다가 닫혔다가 하는 블라인드와 유사한 구조입니다. 이를 이용해 새는 일정한 방향으로 공기를 밀어내고 나아갈 수 있는 것입니다.

Extra Chapter

부위별 비교

Comparison by
Body Parts

팔 · 앞다리의 비교

동물의 몸은 그 동물이 사는 환경에 맞춰서 진화합니다.
팔 · 앞다리도 각각의 환경에서 살아남기 유리한 형태를
띠고 있습니다.

움켜쥐기

인간의 손은 사물을 움켜쥘
수 있도록 엄지손가락과
다른 손가락이 마주 보게
되어 있다.

파기

두더지의 앞다리는 좁은
땅굴 속을 이동하기 위해
굵고 짧게 되어 있다.

물 헤치기

앞다리가 지느러미로 변화한
해양 포유류는 몸을 지탱할
필요가 없기에 팔보다
손가락이 더 길게 되어 있다.

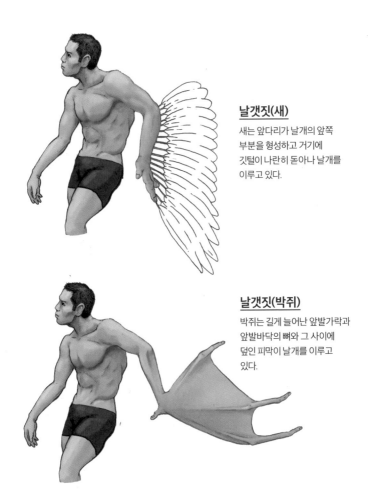

날갯짓(새)

새는 앞다리가 날개의 앞쪽
부분을 형성하고 거기에
깃털이 나란히 돋아나 날개를
이루고 있다.

날갯짓(박쥐)

박쥐는 길게 늘어난 앞발가락과
앞발바닥의 뼈와 그 사이에
덮인 피막이 날개를 이루고
있다.

인간의 손

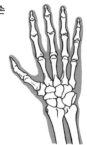

엄지손가락과 다른
손가락이 마주 보고
있어 사물을 움켜쥐기
용이하다.

코알라의 손(발)

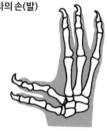

카멜레온의 손(발)

인간 외에도 나무 위 생활을 하는 동물의 발은
발가락의 배치가 마주 보는 형태로 되어 있다.

사물을 움켜쥐는 손(발)

우리 인간의 손은 엄지손가락이 따로 떨어져 다른 손가락과 마주 보고 있습니다. 덕분에 펜이나 젓가락 등을 쥐기 편하지요. 엄지손가락을 이용하지 않고도 다른 손가락만으로 펜이나 젓가락을 감아쥘 수야 있지만, 펜으로 글자를 쓸 때나 젓가락으로 먹을 것을 집을 때나 엄지손가락을 이용하지 않으면 정확도가 떨어지리라는 사실은 분명합니다. 이렇게 손가락(발가락)의 배치가 마주 보는 형태인 손(발)은 코알라나 카멜레온 같은 동물도 가지고 있는데, 나무 위 생활에서 나뭇가지를 움켜쥐기 쉽도록 이런 형태로 변한 것으로 추정됩니다.

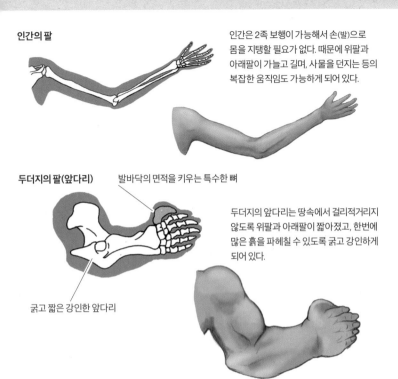

인간의 팔

인간은 2족 보행이 가능해서 손(발)으로 몸을 지탱할 필요가 없다. 때문에 위팔과 아래팔이 가늘고 길며, 사물을 던지는 등의 복잡한 움직임도 가능하게 되어 있다.

두더지의 팔(앞다리)

발바닥의 면적을 키우는 특수한 뼈

두더지의 앞다리는 땅속에서 걸리적거리지 않도록 위팔과 아래팔이 짧아졌고, 한번에 많은 흙을 파헤칠 수 있도록 굵고 강인하게 되어 있다.

굵고 짧은 강인한 앞다리

땅을 파는 팔(앞다리)

굴을 파고 땅속에서 사는 동물로는 두더지나 아르마딜로가 있습니다. 모두 굳은 땅을 파기 위해 크게 발달한 발톱, 굵고 짧은 강인한 앞다리를 가지고 있지요. 생애 대부분을 땅속에서 생활하는 두더지의 앞다리는 땅속 생활에 가장 잘 적응한 형태입니다. 발바닥의 면적을 키우는 특수한 뼈가 있어서, 발톱으로 파낸 흙을 그 커다란 발바닥으로 삽처럼 치워 버립니다. 또한 흙을 파헤치는 발 부분은 크지만 다리 부분은 몸속에 파묻혀 있다고 해도 과언이 아닐 정도로 짧아서, 걸리적거리는 일 없이 좁은 땅굴을 이동할 수 있습니다.

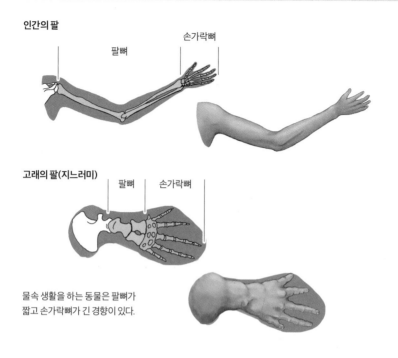

인간의 팔

손가락뼈

팔뼈

고래의 팔(지느러미)

팔뼈 손가락뼈

물속 생활을 하는 동물은 팔뼈가
짧고 손가락뼈가 긴 경향이 있다.

물을 헤치는 지느러미로 변화한 팔

고래나 바다사자, 바다거북처럼 물속 생활을 하는 동물의 지느러미로 변화한 팔
골격 구조를 보면 어깨에서 손목에 이르기까지의 팔뼈는 짧고 손가락뼈는 긴 것
이, 육지 동물과는 비율이 정반대입니다. 바다사자나 바다거북은 물을 헤치며 헤
엄치기 때문에, 손가락뼈를 길게 늘임으로써 지느러미의 면적을 키웠지요. 그런
가 하면 고래는 약간 경우가 다릅니다. 고래가 헤엄칠 때 주된 동력원은 등뼈의
움직임으로, 꼬리지느러미를 위아래로 흔들어 나아가기 때문에 팔에 해당하는
가슴지느러미는 방향 전환 등의 용도로 이용됩니다. 방향 전환의 안정성을 높이
기 위해 팔뼈의 관절은 결합해 있는 경우가 많아서, 가동성은 낮다고 합니다.

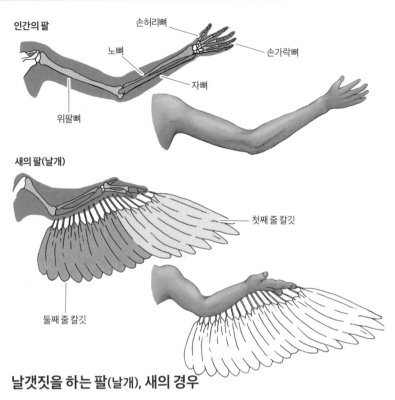

인간의 팔

손허리뼈

노뼈

손가락뼈

자뼈

위팔뼈

새의 팔(날개)

첫째 줄 칼깃

둘째 줄 칼깃

날갯짓을 하는 팔(날개), 새의 경우

조류의 날개를 지지하는 팔(날개)뼈는 다른 동물과 구조는 같지만 개수가 더 적습니다. 비행을 위해서는 몸을 가볍게 할 필요가 있었기 때문이지요. 인간과 새의 팔(날개)을 비교하면 위팔뼈, 노뼈와 자뼈의 개수는 같지만, 손허리뼈(중수골, 손바닥에 있는 뼈)는 인간이 5개인 반면에 새는 1개입니다. 손가락의 개수도 3개에 각 손발가락뼈의 개수도 인간보다 적습니다. 한편 그런 팔(날개)에 무수한 깃털이 나 있는데, 손목에서 손끝까지의 깃털을 첫째 줄 칼깃, 팔꿈치에서 손목까지의 깃털을 둘째 줄 칼깃이라고 부르며, 이는 접이식 구조로 되어 있습니다.

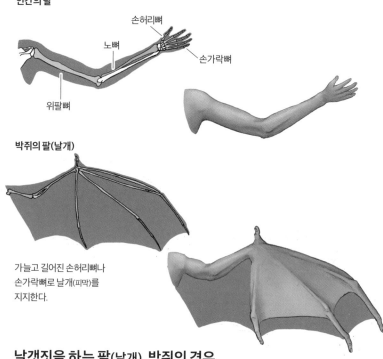

인간의 팔

손허리뼈

노뼈

손가락뼈

위팔뼈

박쥐의 팔(날개)

가늘고 길어진 손허리뼈나
손가락뼈로 날개(피막)를
지지한다.

날갯짓을 하는 팔(날개), 박쥐의 경우

박쥐는 조류와 마찬가지로 날갯짓으로 나는 동물이지만, 날개의 구조에 큰 차이
가 있지요. 조류와 달리 박쥐의 날개를 이루는 것은 깃털이 아닌 피막입니다. 이
피막을 지지하는 것이 엄지를 제외한 4개의 손바닥뼈와 그 끝에서 뻗어 있는 손
가락뼈입니다. 이 손가락뼈들은 우산살처럼 가늘고 길게 뻗어 있지요. 또한 위
팔뼈와 노뼈 사이의 근육을 한 번만 움직이면, 다시 말해 팔을 뻗으면 날개가 펼
쳐지고, 팔을 구부리면 날개가 접히는 움직이기 쉬운 구조입니다. 그 밖에 날개
를 지지하지 않는 짧은 엄지에는 날카로운 발톱이 있어서, 동굴 벽 등을 기어오
를 때 이용합니다.

팔·앞다리의 비교 총정리

대부분의 육지 동물은 팔·앞다리는 몸을 지탱하는 데 이용하고, 걷거나 달리는 등의 운동에는 주로 뒷다리를 이용합니다. 4족 보행 동물은 앞다리를 보행 운동에도 이용하지만, 보통 다른 목적에도 이용할 수 있는 편리한 형태를 가지고 있지요. 사자나 곰 등 육식 동물은 사냥할 때 앞다리로 먹잇감을 짓누릅니다. 새나 박쥐는 앞다리를 날개로 변화시켜서 날갯짓으로 하늘을 날기도 하지요. 그런가 하면 바다사자나 바다거북은 지느러미로 변화한 앞다리로 물을 헤치며 헤엄칩니다.

이처럼 동물의 앞다리는 뒷다리보다도 숲이나 바다 등 자신이 살고 있는 다양한 환경에 적합한 기능을 가지고 있습니다. 다시 말해 앞다리는 진화 과정에서 가장 풍부한 변화를 겪은 신체 부위라고 할 수 있겠지요.

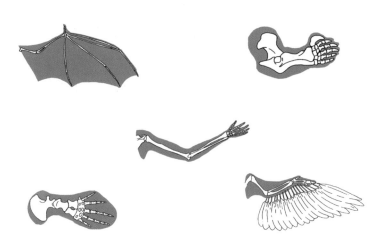

다리의 비교

다리 역시 팔 · 앞다리처럼 동물이 사는 환경에
따라 최적의 형태로 변화했습니다.

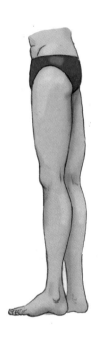  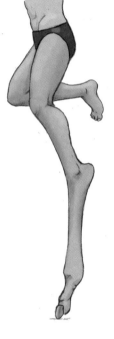

걷기 · 달리기,
척행성

발가락에서 발뒤꿈치까지
발바닥 전체로 지면을
디디는 형태. 접지 면적이
커서 안정성이 뛰어나다.

걷기 · 달리기,
지행성

발뒤꿈치를 들고
발가락만으로 지면을
디디는 형태. 척행성보다
안정성이 떨어지지만,
속도가 더 빠르고 몰래
접근하는 동작에도
유리하다.

걷기 · 달리기,
제행성

발가락 끝에 난
발굽만으로 지면을 디디는
형태. 지행성보다도
안정성이 떨어지지만, 더욱
빠른 속도를 낼 수 있다.

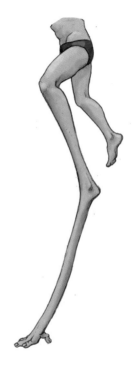

뛰어오르기

점프로 이동하는 데 최적화된
다리. 순식간에 장거리를
이동하기 위해 긴 발목이
접이식 구조로 이루어져 있다.

걷기 · 나무 위에 머무르기

많은 새가 4개의 발가락을 가졌으며,
대부분 3개는 앞으로, 1개는 뒤로
나 있다. 걷기 뿐만 아니라 나무 위에
머무르기에도 유리한 형태이다.

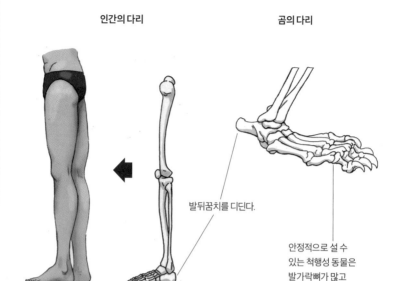

인간의 다리

곰의 다리

발뒤꿈치를 디딘다.

안정적으로 설 수 있는 척행성 동물은 발가락뼈가 많고 비교적 무겁다.

걷기 · 달리기, 척행성

'척(蹠)'이란 발바닥을 의미합니다. 발가락에서 뒤꿈치까지 발바닥 전체로 지면을 디디고 서거나 걷는 동물을 척행동물이라고 합니다. 우리 인간 외에 다른 척행성 동물로는 원숭이나 곰, 판다 등이 있습니다. 우리 인간만이 포유류 중 예외적으로 완전한 2족 보행을 하지만, 곰 역시 2개의 뒷다리로 설 수 있습니다. 발바닥 전체로 지면을 디디기 때문에 안정적이지만, 접지 면적이 크기 때문에 뼈나 관절도 커져서 다리 자체의 중량도 늘어나지요. 그 대가로 이동 속도가 느린 편입니다.

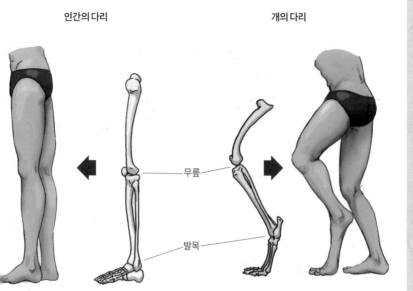

인간의 다리   개의 다리

무릎

발목

걷기 · 달리기, 지행성

'지(趾)'란 발가락을 의미합니다. 발뒤꿈치를 들고 발가락만으로 지면을 디디고 서거나 걷는 동물을 지행동물이라고 합니다. 사자나 늑대 등 육식 포유류 중 다수가 지행성 동물에 해당됩니다. 발뒤꿈치를 지면에 디디고 걷는 척행성 동물보다 안정성은 떨어지지만, 더 빠르게 달릴 수 있는 데다 소리를 내지 않고 조용히 이동할 수 있습니다. 우리도 발소리를 내지 않고 걸을 때는 뒤꿈치를 드는 것을 생각하면 이해가 쉽지요. 지행성은 먹잇감에게 들키지 않고 접근해야 하는 육식 동물에게 최적의 보행 스타일이라고 할 수 있습니다.

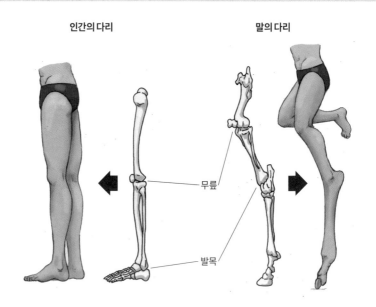

인간의 다리

말의 다리

무릎

발목

걷기 · 달리기, 제행성

말이나 사슴 등의 발가락 끝에는 '제(蹄)', 즉 발굽이 있습니다. 이들은 바로 그 발굽으로 지면을 디디고 서거나 걷습니다. 발굽은 사람으로 치면 발톱에 해당하는 부분으로, 다시 말해 발가락 끝만으로 지면을 디디고 서 있는 셈입니다. 속도를 중시한 구조로, 뒷다리는 발뒤꿈치에서부터 발등과 발가락뼈가 길게 쭉 뻗어 있습니다. 이로서 다리 전체의 길이도 길어지고, 그만큼 보폭도 커지지요. 발가락의 개수는 척행성 동물이나 지행성 동물보다 적어서, 그만큼 발가락뼈와 관절의 개수도 적으며 유연성도 떨어지는 대신 튼튼하고 가벼운 구조로 되어 있습니다.

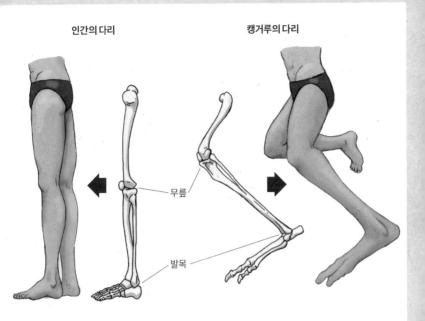

인간의 다리   **캥거루의 다리**

무릎

발목

뛰어오르기

달리기 대신 뛰어올라 이동하는 포유류로는 캥거루나 날쥐(*Pedetes capensis*) 등이
있습니다. 이 동물들을 보면 눈에 띄는 특징은 앞다리에 비해 뒷다리가 길다는
것이지요. 이들은 뛰어오를 때 다리를 구부리는데, 다리가 길면 길수록 더 많은
힘을 모아 점프할 수 있습니다. 또한 캥거루는 발목에서부터 발가락 부분도 길게
쭉 뻗어 있는데, 이 발가락으로 지면을 힘껏 박찰 수도 있지요. 반면에 안정성이
떨어지기 때문에, 굵고 긴 꼬리로 몸의 균형을 잡고 몸을 안정시킵니다.

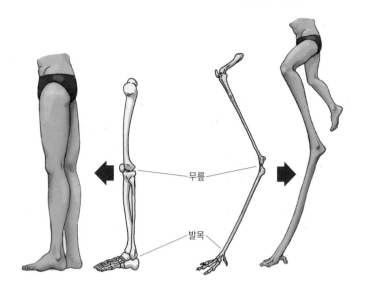

인간의 다리　　　　　　　　플라밍고의 다리

무릎

발목

걷기 · 나무 위에 머무르기

대부분의 조류는 발가락의 배치를 보면 3개의 발가락이 앞으로, 1개의 발가락이 뒤로 향해 있습니다. 이것을 '삼전지족(三前趾足)'이라고 하지요. 하지만 딱따구리나 뻐꾸기 등 나무 위 생활을 하는 조류는 2개의 발가락이 앞으로, 나머지 2개의 발가락이 뒤로 향해 있습니다. 이것은 '대지족(対趾足)'이라고 하는 형태로, 나뭇가지나 줄기를 붙들기 적합합니다. 하늘을 나는 조류는 몸의 경량화가 필수적이므로 다리뼈에서도 경량화를 위한 구조가 눈에 띕니다. 정강뼈와 종아리뼈가 결합하고 발목뼈와 정강뼈가 합쳐지는 등, 뼈의 개수를 줄여 강도를 유지하는 동시에 가벼운 구조가 되었지요.

다리의 비교 총정리

지상에 서식하는 동물의 경우에 이동과 관련해 핵심적 역할을 하는 것은 뒷다리입니다. 우선 완전한 2족 보행을 하는 우리 인간이나 조류는 뒷다리로 서서 걸어다니지요. 말이나 개 등 4족 보행 동물은 서거나 걸을 때 앞다리도 이용하기는 하지만, 역시 앞다리보다 뒷다리가 이동의 중심이 됩니다. 뭉뚱그려 말해서 이동이라고 하지만, 동물들은 사는 환경이 다양할 뿐만 아니라 육식 동물과 초식 동물같은 경우 처한 상황도 전혀 다릅니다. 초식 동물을 먹잇감으로 삼는 육식 동물은 들키지 않고 몰래 다가갈 수 있도록 진화했고, 초식 동물은 육식 동물에게서 벗어나고자 속도를 중시하는 방향으로 진화했지요.

　또한 같은 포유류라도 물속 생활에 완전히 적응한 고래와 그 친척들은 뒷다리가 퇴화해 버렸습니다. 고래와 그 친척들의 조상은 4족 보행 동물이었지만, 몸이 뜨는 물속에서는 달릴 일도 걸을 일도 없을 뿐만 아니라 몸을 지탱하지 않아도 되었기 때문에 뒷다리가 필요 없게 된 것입니다.

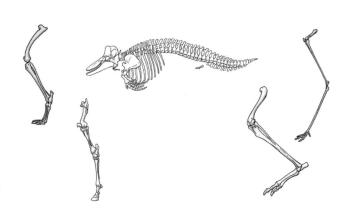

턱의 비교

동물은 각자 다른 먹이를 먹는데, 무엇을 먹느냐
에 따라 턱이나 이빨의 형태도 변화했습니다.

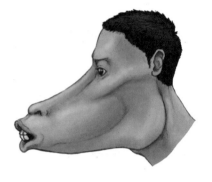

잡식
먹이가 한정되어 있지 않은
턱. 어느 정도 자유롭게
움직이는 아래턱과 종류가
다양한 이빨이 특징.

초식
전후좌우 자유자재로
움직이는 아래턱과
가지런한 어금니로 식물을
잘게 으깨는 데 특화됐다.

육식
아래턱은 위아래로밖에
움직이지 않는다.
송곳니가 발달했으며,
어금니도 예리하다.

경량화

이빨을 버리고 무게를
줄이는 데 특화된 형태.
이빨이 없어 먹이를 씹지
못하기 때문에 이쪽도
먹이를 통째로 삼킨다.

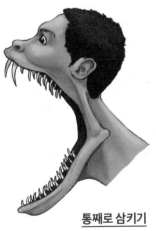

통째로 삼키기

이빨의 형태가 단조로워
먹이를 씹지 못한다.
대신에 먹이를 통째로
삼키기 때문에 턱의
가동 범위가 매우 크다.

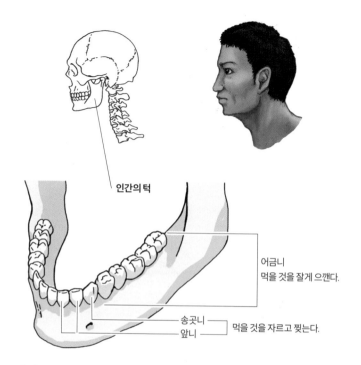

인간의 턱

어금니
먹을 것을 잘게 으깬다.

송곳니
앞니
먹을 것을 자르고 찢는다.

잡식

인간의 이에는 먹을 것을 자르고 찢는 앞니와 송곳니, 잘게 으깨는 어금니가 있습니다. 아래턱은 위아래로 움직이지만, 전후좌우로도 어느 정도 자유롭게 움직일 수 있지요. 자르고 잘게 으깨는 등 용도에 따라 나뉘는 복잡다단한 이와 아래턱의 넓은 가동 범위 덕분에 고기, 식물, 뭐든지 먹을 수 있는 것입니다. 또한 잡식성 동물뿐만 아니라 포유류는 기본적으로 먹이를 입 안에 넣고 씹기 때문에, 씹던 먹이를 입 밖으로 흘리지 않기 위해 볼이 있다는 것도 특징입니다.

사자의 머리뼈

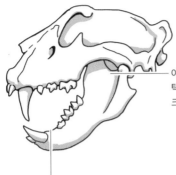

아래턱이 치밀하게 맞물려
턱이 빠지는 일 없이 위아래로
크게 입을 벌릴 수 있다.

모든 이빨이 먹이를 자르고
찢을 수 있도록 날카롭다.

육식

단단한 머리뼈는 턱 근육의 탄탄한 토대가 되어 무는 힘을 구조적으로 강하게 해 줍니다. 아래턱의 턱관절이 치밀하게 맞물려 있어서 움직임은 한정적이지만, 위아래로 크게 입을 벌려도 턱이 잘 빠지지 않지요. 아래턱을 위아래로만 움직일 수 있다 보니 먹이를 씹어 잘게 으깰 수는 없지만, 고기는 식물보다 소화가 잘되기 때문에 많이 씹을 필요가 없습니다. 그 때문에 육식 동물의 이빨은 어금니와 같이 뭉툭한 것이 없고, 모든 이빨이 먹이를 자르고 찢을 수 있도록 날카롭지요. 또한 입을 크게 벌릴 일이 많고 먹이를 씹을 일은 별로 없어서, 볼이 좁고 입이 길게 찢어져 있는 편입니다.

177

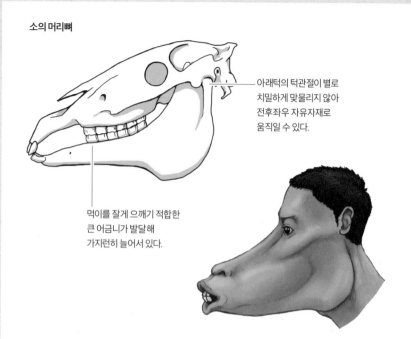

소의 머리뼈

아래턱의 턱관절이 별로 치밀하게 맞물리지 않아 전후좌우 자유자재로 움직일 수 있다.

먹이를 잘게 으깨기 적합한 큰 어금니가 발달해 가지런히 늘어서 있다.

초식

육식 동물과 반대로 초식 동물의 아래턱 관절은 구조적으로 대단히 느슨하게 되어 있습니다. 그만큼 아래턱이 전후좌우 자유자재로 움직일 수 있지요. 식물은 고기보다 소화가 잘 되지 않아 먹이를 삼키기 전에 충분히 씹을 필요가 있습니다. 때문에 잘게 으깨기 적합한 어금니가 발달한 것이지요. 발달한 어금니가 가지런히 늘어서 있다 보니 초식 동물의 머리는 앞뒤로 길어지는 경향이 있습니다. 가지런히 늘어선 어금니와 자유자재로 미끄러지는 아래턱으로 먹이를 잘게 으깨 소화시키기 쉬운 상태로 만든 다음, 비로소 먹이를 삼킵니다.

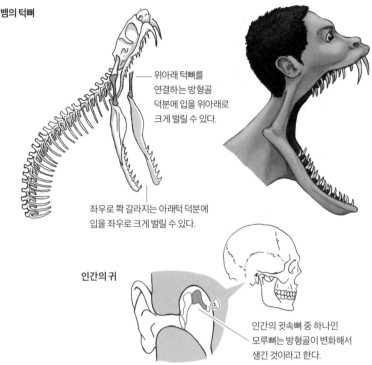

뱀의 턱뼈

위아래 턱뼈를 연결하는 방형골 덕분에 입을 위아래로 크게 벌릴 수 있다.

좌우로 쫙 갈라지는 아래턱 덕분에 입을 좌우로 크게 벌릴 수 있다.

인간의 귀

인간의 귓속뼈 중 하나인 모루뼈는 방형골이 변화해서 생긴 것이라고 한다.

통째로 삼키기

포유류의 턱에는 앞니, 송곳니, 어금니 등 다양한 형태의 이빨이 있지만, 파충류의 턱에는 똑같은 형태의 이빨이 늘어서 있다는 차이점이 있지요. 때문에 파충류는 먹이를 씹지 않고 통째로 삼킵니다. 그중에서 가장 주목할 만한 파충류는 뱀으로, 자기 머리보다 더 큰 먹이조차 통째로 삼킬 수 있습니다. 이를 가능하게 하는 것은 좌우로 쫙 갈라지는 아래턱이지요. 또한 턱관절이 2개씩 있어서, 입을 위아래로 크게 벌릴 수도 있습니다. 2개씩 있는 관절을 연결하는 기다란 뼈는 '방형골(方形骨)'이라고 부르는데, 이는 포유류에게는 없는 것입니다. 포유류는 이 방형골이 귀를 구성하는 귓속뼈 중 하나인 '모루뼈'로 변화했다고 합니다.

매의 머리뼈
육식 조류의 부리는
고기를 찢을 수 있도록
날카로운 형태이다.

벌새의 머리뼈
꽃 속 꿀을 빨아 먹기 위해
부리가 가늘고 긴 형태이다.

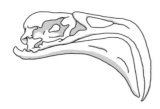

플라밍고의 머리뼈
머리를 거꾸로 박고 진흙이나
물을 퍼 올린다. 먹잇감을
걸러 먹기 용이한 형태이다.

경량화

지금으로부터 1억 5000만 년 전 최초로 등장한 조류로 추정되는 시조새는 턱에 이빨이 늘어서 있었지만, 하늘을 날기 위한 경량화의 일환으로 조류는 무거운 이빨을 버리고 훨씬 가벼운 부리를 위턱과 아래턱에 달았습니다. 조류도 육식, 초식 등 다양한 식성을 가지고 있어서, 각자 먹이를 먹기 쉽도록 부리의 형태나 크기도 종에 따라 다양합니다. 파충류처럼 조류도 먹이를 씹을 수 없어서, 삼킨 먹이는 '모래주머니'라고 불리는 주머니 형태의 몸속 소화 기관인 근위로 운반됩니다. 이곳에서 미리 삼켜 뒀던 작은 돌이나 모래로 먹이를 잘게 으깨 소화를 돕는 것입니다.

턱의 비교 총정리

생물에게 '먹는다는 것'은 살아가는 데 가장 기본적이면서 중요한 요소입니다. 먹이를 먹을 때 턱이 중요한 역할을 한다는 사실은 굳이 말할 나위도 없습니다. 포유류 및 파충류, 조류도 조상을 찾아 거슬러 올라가면 어류 중 극히 일부 그룹으로 그 범위가 좁아지는데, 원시 물고기는 턱이 없었지요. 그러다가 턱을 가진 물고기가 나타나 먹이를 먹는 능력이 향상되자 어류의 시대라고 해도 과언이 아닐 정도의 대번영이 찾아왔고, 이후 등뼈동물이 바다에서 육지로 서식 범위를 확장해 다종다양해지면서 먹이도 달라지기 시작한 것입니다.

그에 따라 턱의 형태도 변화해 나갔습니다. 턱과 그 턱에 난 이빨의 구조와 형태를 보면 그 동물이 무엇을 먹고 사는지 손쉽게 상상할 수 있을 정도이지요. 특히 먹이를 씹는 포유류의 이빨은 그 형태의 다양성이 풍부하며, 이빨 대신 부리를 가지게 된 조류 역시 먹이에 따라 그 형태가 다양합니다.

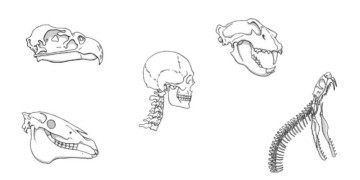

가슴의 비교

동물의 복장뼈는 장기를 보호하고 호흡을 하기 위한
근육을 지지하는 데 이용되는데, 환경에 따라 그 형태도
다양한 방향으로 진화했습니다.

장기 보호

가슴뼈 · 갈비뼈 · 복장뼈가 연결,
바구니와 같은 형태를 이루어 심장
등 중요한 장기를 지킨다.

전신 보호

갈비뼈가 크게 확장해 전신을
완전히 둘러싸는 갑옷으로
변화했다.

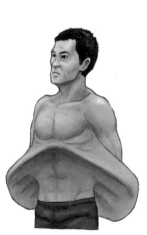

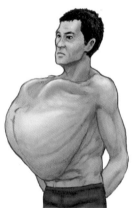

비행을 위한 경량화

뼈는 점점 가벼워지고
갈비뼈가 수평으로 뻗어 비행
능력을 뒷받침하는 뼈로 변화.

가동성 있는 가슴

거대한 먹이를 통째로 삼키기
위해 자유롭게 벌어지도록
변화. 이동에도 쓸모 있다.

날갯짓의 동력

날갯짓을 담당하는 근육을
지지하기 위해 복장뼈에서
커다란 돌기가 돋아났다.

인간의 가슴우리 가슴을 둘러싼 뼈가 바구니와 같은
형태를 이루어 장기를 보호한다.

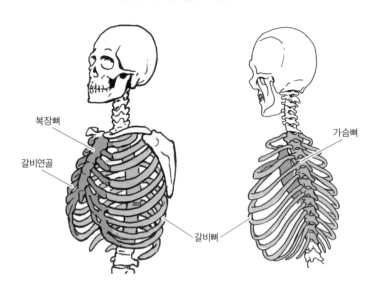

복장뼈

갈비연골

가슴뼈

갈비뼈

장기 보호

인간의 가슴에는 갈비뼈가 있습니다. 갈비뼈는 등뼈 중 가슴뼈에서부터 가슴 쪽
으로 둘러싸듯이 뻗어나 복장뼈와 연결, 하나의 바구니와 같은 형태를 이루는
데 이것을 가슴우리(흉곽)라고 합니다. 머리뼈가 뇌를 감싸 보호하듯이, 가슴우
리는 심장이나 허파 등을 감싸고 있습니다. 다만 뇌와 달리 허파는 호흡할 때 부
풀었다가 쪼그라들었다가 하므로 가슴우리도 거기에 맞춰 어느 정도 가동성이
필요하게 되었지요. 그것을 가능하게 해 주는 것이 가슴 쪽의 '갈비연골'인데, 부
드러운 뼈로 복장뼈와 갈비뼈를 탄력 있게 연결하고 있습니다. 호흡할 때 가슴우
리는 어느 정도 부풀거나 쪼그라들면서 허파의 신축을 돕습니다.

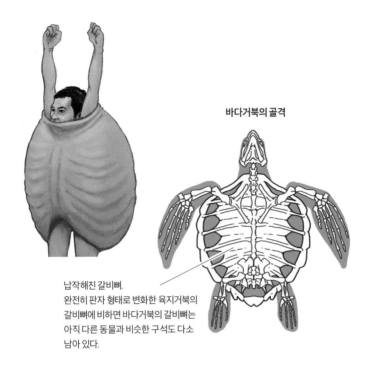

바다거북의 골격

납작해진 갈비뼈.
완전히 판자 형태로 변화한 육지거북의
갈비뼈에 비하면 바다거북의 갈비뼈는
아직 다른 동물과 비슷한 구석도 다소
남아 있다.

전신 보호

인간의 갈비뼈는 가늘고 긴 봉 형태의 구부러진 뼈이지만, 거북의 갈비뼈는 등뼈
와 융합해 수평으로 뻗고 판자 형태로 납작해져 앞뒤 갈비뼈와 꽉 맞물리듯 연
결되어 있습니다. 이로 인해 전체가 하나의 큰 골갑판이 되어 거북의 등딱지를
형성하는 토대를 이루지요. 또한 거북의 배딱지는 복장뼈와 갈비연골이 판자 형
태로 변화한 것으로 추정되며, 그 결과 거북의 가슴우리는 몸 전체를 감싸는 갑
옷이 되었습니다. 이처럼 갑옷이 된 거북의 가슴우리는 가동성을 잃어 복장뼈의
운동에 의한 활발한 호흡은 불가능해졌지만, 그 대신 자신의 몸을 지키는 튼튼
한 보호 수단이 되었지요.

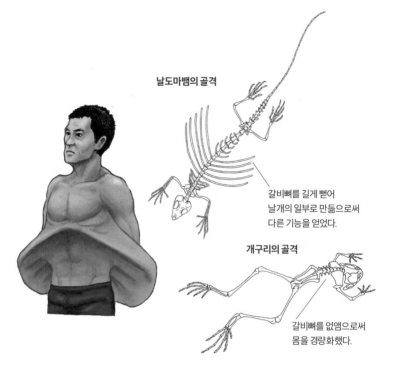

날도마뱀의 골격

갈비뼈를 길게 뻗어
날개의 일부로 만듦으로써
다른 기능을 얻었다.

개구리의 골격

갈비뼈를 없앰으로써
몸을 경량화했다.

비행을 위한 경량화

갈비뼈는 허파나 심장 등을 감싸 외부의 충격으로부터 지키는 역할 외에, 호흡할 때 허파를 움직이는 근육을 지지하는 역할도 하지요. 그러한 갈비뼈에 또 다른 기능을 추가한 동물이 있습니다. 바로 날도마뱀입니다. 날도마뱀은 갈비뼈 일부를 수평으로 크게 벌리고 길게 뻗은 다음, 그 사이를 피막으로 덮음으로써 활공을 위한 날개로 만들었습니다. 그와는 반대로 갈비뼈를 없앤 경우로는 개구리가 있지요. 개구리는 점프에서 착지할 때의 충격을 줄이기 위해 갈비뼈를 버리고 몸을 말랑말랑하게 했는데, 갈비뼈가 없으므로 호흡할 때 가슴 근육이 기능하지 못하게 되었습니다. 대신에 목을 부풀림으로써 비강으로 숨을 들이마셔 허파로 공기를 보냅니다.

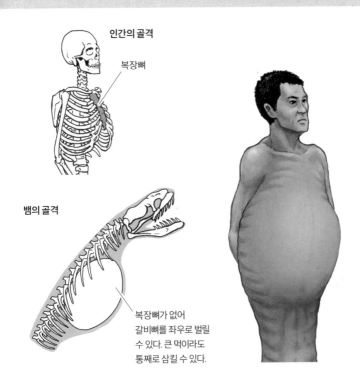

인간의 골격

복장뼈

뱀의 골격

복장뼈가 없어
갈비뼈를 좌우로 벌릴
수 있다. 큰 먹이라도
통째로 삼킬 수 있다.

가동성 있는 가슴

뱀은 가늘고 긴 몸에도 불구하고 자신의 몸보다 굵고 큰 먹이를 통째로 삼켜 내려보낼 수 있습니다. 다른 동물의 가슴우리처럼 등뼈와 갈비뼈, 복장뼈가 연결된 상태라면 불가능한 일이지요. 뱀은 복장뼈를 잃는 대신에 갈비뼈가 닫혀 있지 않고 열려 있는 상태가 됨으로써, 통째로 삼킨 먹이의 크기에 맞춰 갈비뼈를 좌우로 벌릴 수 있게 되었습니다. 또한 이 갈비뼈를 움직여 몸의 비늘과 지면의 요철을 맞춰 끌듯이 이동하지요. 갈비뼈는 손발이 없는 뱀의 이동을 담당하는 중요한 기관이기도 합니다.

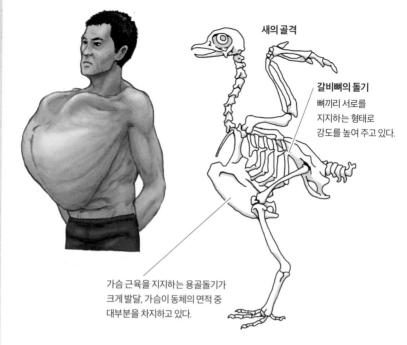

새의 골격

갈비뼈의 돌기
뼈끼리 서로를
지지하는 형태로
강도를 높여 주고 있다.

가슴 근육을 지지하는 용골돌기가
크게 발달, 가슴이 동체의 면적 중
대부분을 차지하고 있다.

날갯짓의 동력

하늘을 날기 위해서는 몸을 가볍게 할 필요가 있기에, 새는 무거운 뼛속에 텅 빈
공간을 만들었습니다. 그만큼 강도는 떨어질 수밖에 없지만, 뼈와 뼈를 결합시켜
강도를 확보할 수 있었지요. 복장뼈에서도 그런 구조를 엿볼 수 있는데, 갈비뼈
는 뒤쪽으로 뻗어난 돌기가 있어서 갈비뼈끼리 연결될 뿐만 아니라, 갈비뼈와 연
결된 자뼈도 골반과 결합시켜 강도를 높였습니다. 반면에 아무리 몸을 가볍게 하
고 싶어도 날갯짓을 담당하는 근육만은 줄일 수가 없었지요. 이 발달한 근육을 지
지하는 것이 복장뼈에서 뻗어난 용골돌기로, 그 크기는 가슴우리의 면적 중 대부
분을 차지하고 있습니다. 발달한 가슴근육과 그것을 지지하는 용골돌기 때문에
새의 가슴은 그렇게 부풀어 있는 것입니다.

가슴의 비교 총정리

다 같은 가슴이라고 해도 거북과 같이 갑옷 역할을 하는 것이나, 가슴우리의 일부가 날개로 변화한 날도마뱀 등 그 종류는 실로 다양합니다. 갈비뼈 및 등뼈, 복장뼈로 이루어진 가슴우리는 허파를 감싸는 뼈의 바구니와 같은 것으로, 허파를 보호하는 역할도 하지만 호흡과도 큰 관련이 있지요. 가슴우리는 단단한 뼈로 되어 있지만, 부풀었다가 쪼그라들었다가 하는 등 가동성이 있어서 허파를 신축시켜 호흡을 하는 데 기여합니다.

그런가 하면 가슴이 바구니 형태를 이루기는커녕, 아예 뼈가 여럿 없는 개구리나 뱀 같은 동물도 있습니다. 이들은 허파를 신축시킬 수는 없게 되었지만, 대신 경량화나 가동성이 있는 갈비뼈 등 다른 장점을 얻었지요. 이처럼 어느 기능을 얻고 어느 기능을 버릴 것인가 하는 취사선택은 그 동물의 생활 환경에 따라 변합니다.

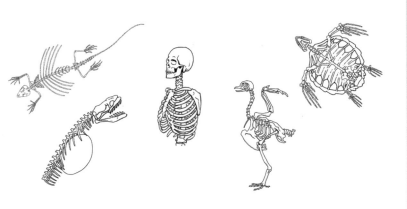

Column.5 뿔

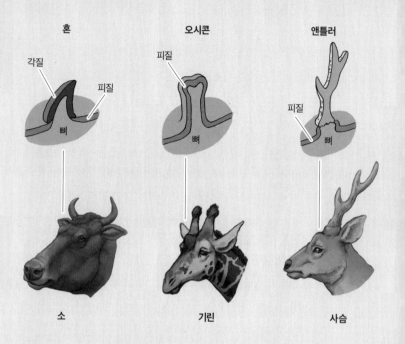

혼   오시콘   앤틀러

각질   피질   피질

피질   뼈   뼈   뼈

소   기린   사슴

포유류와 뿔의 종류

포유류 중에는 머리에 뿔이 난 동물이 많이 있습니다. 뿔의 형태도 다양하지만, 뿔의 구조도 차이가 납니다. 소의 뿔은 영어로 '혼(horn)'이라고 하며, 머리뼈에서 자라난 뼈를 각질이 뚜껑처럼 덮고 있는 구조입니다. 기린의 뿔은 '오시콘(ossicone)'이라고 해서 소의 뿔처럼 뼈가 자라난 것이긴 하지만, 각질이 아닌 피질이 덮고 있는 구조이지요. 사슴의 뿔인 '앤틀러(antler)'는 기린의 뿔과 마찬가지로 원래는 피부가 뼈를 덮고 있지만, 뼈의 성장에 따라 피부가 떨어져 나가고 뿔이 가지처럼 갈라지게 됩니다. 앤틀러는 혼이나 오시콘과 달리 1년마다 빠지고 새로 나는 것이 특징입니다.

책을 마치며

잘 읽으셨는지요. 이 책은 인간의 몸을 다른 동물과 같이 변화시켜 보자는 테마로 만들어졌습니다. 동물은 진화 과정에서 몸을 다양한 형태로 변화시켜 왔습니다. 인간도, 다른 동물도, 제각기 거쳐 온 진화 과정이 다른 만큼 몸의 형태가 다른 것도 당연하다면 당연합니다. 그런데 억지로 인간의 몸을 다른 동물과 같이 변화시켰으니 기묘한 결과가 나와 버렸지요. '징그러워…….' '무서워…….' 그렇게 생각할 분도 계시겠지만, 그래도 동물의 몸에 관해 직관적으로 잘 전달할 수 있지 않았나 하고 저는 생각합니다.

과연 인간은 먼 미래에 지금보다도 진화해 이 책에 나오는 것과 같이 징그러운 모습이 될까요? 답은 "아니오."라고 저는 생각합니다. 인간은 고도로 발달된 사회를 가지고 있으며, 서로 협조해 자신에게 유리하고 쾌적한 환경을 만들어 내는 동물이기 때문입니다. 지구의 어떤 생물도 서식할 수 없는 우주 공간에 '스페이스 콜로니'를 건설, 그 안의 쾌적한 공간에서 생활하는 미래마저 있을 수 있습니다. 다시 말해 자연 환경이 변화해도 그에 맞춰 육체를 크게 변화시킬 필요가 없다는 것입니다.

마지막으로 이 책을 집필할 때 빠듯한 일정 속에서도 신속한 구성안 작성과 자료 제공 등, 다방면으로 지원해 주신 담당 편집자 기타무라 고타로(北村耕太郎) 씨에게 감사 인사 드리면서 이만 줄이겠습니다.

2019년 11월

가와사키 사토시

참고 문헌

アンドリュー・カーク 著, 布施英利監修, 和田侑子 訳, 『骨格百科スケルトン その凄い形と機能』(グラフィック社).

エディング編, 『ペンギンの本』(日販アイ・ピー・エス).

ジェームス・F・ルール 編, 『地球大図鑑』(ネコ・パブリッシング) (한국어판 『지구: 푸른 행성 지구의 모든 것을 담은 지구 대백과사전』— 김동희 외 옮김).

ジャン＝バティスト・ド・パナフィユー 著, 小畠郁生監修, 吉田春美 訳, 『骨から見る生物の進化』(河出書房新社).

ニュートン別冊, 『動物の不思議 生物の世界はなぞに満ちている』(ニュートンプレス).

ニュートン別冊, 『「生命」とは何かいかに進化してきたのか』(ニュートンプレス) (한국어판 『생명이란 무엇일까?: 어떻게 진화해 왔을까?』— 뉴턴 코리아 옮김).

ピーター・D・ウォード 著, 垂水雄二 訳, 『恐竜はなぜ鳥に進化したのか』(文藝春秋).

『講談社の動く図鑑MOVE動物』(講談社).

『講談社の動く図鑑MOVE鳥』(講談社).

『談社の動く図鑑MOVEは虫類・両生類』(講談社).

今泉忠明 著, 『絶滅巨大獣の百科』(データハウス).

今泉忠明 著, 『絶滅動物データファイル』(祥伝社黄金文庫).

金子隆一 著, 『謎と不思議の生物史』(同文書院).

大隅清治 著, 『クジラは昔 陸を歩いていた』(PHP研究所).

『大哺乳類展2 みんなの生き残り作戦』(国立科学博物館, 朝日新聞社, TBS, BS-TBS).

綿貫豊 著, 『ペンギンはなぜ飛ばないのか? 海を選んだ鳥たちの姿』(恒星社厚生閣).

冨田幸光 著, 『絶滅した哺乳類たち』(丸善).

冨田幸光 著, 『絶滅哺乳類図鑑』(丸善).

北村雄一 著, 『謎の絶滅動物たち』(大和書房).

長谷川政美 著, 『系統樹をさかのぼって見えてくる進化の歴史』(ベレ出版).

中原英臣 著, 佐川峻 著, 『生物の謎と進化論を楽しむ本』(PHP研究所).

土屋健 著, 『生物ミステリープロ 石炭紀・ペルム紀の生物』(技術評論社).

土屋健 著, 『生物ミステリープロ 三畳紀の生物』(技術評論社).

土屋健 著, 『生物ミステリープロ ジュラ紀の生物』(技術評論社).

土屋健 著, 『生物ミステリープロ 白亜紀の生物 上巻』(技術評論社).

土屋健 著, 『生物ミステリープロ 白亜紀の生物 下巻』(技術評論社).

『特別展 生命大躍進 脊椎動物のたどった道』(国立科学博物館, NHK, NHKプロモーション).

찾아보기

가

가냘픈꼬리감는원숭이 42

가슴뼈 182, 184

가슴우리 13, 184, 185, 187, 189

가시올빼미 148, 149

각질갑판 14, 15

갈라파고스펭귄 154

갈비뼈 12~17, 20~23, 36~40, 93, 182~189

갈비연골 184

개미핥기 82~83, 96

거북 12~16, 26, 40, 94, 97, 185, 189

건초 114~115

게로바트라쿠스 22

경량화 20, 22, 64, 172, 175, 180, 183, 186, 189

경우제류 128

고생대 22

고양이아과 72

고양잇과 72

골갑판 14~15, 185

관절 18, 46, 87, 138, 144~145, 152~153, 162, 168, 170, 178~179

근연종 142

근연 관계 142~143, 155

글립토돈 96~97

기각류 120, 122~123

긴팔원숭이 42

나

나무늘보 80~85, 96

날도마뱀 36~38, 40, 186, 189

남방세띠아르마딜로 94

너클 워킹 85

논병아리 142~143

다

대멸종 40

대지족 172

데스 롤 32~33

도롱뇽 20, 22

도마뱀 20, 24~28, 36, 38

도에디쿠루스 97

듀공 102, 122~123

등뼈 14~16, 21, 23, 36~37, 40~41, 70~71, 93, 96, 162, 184~185, 187, 189

등뼈동물 181

DNA 129, 142

디프로토돈 79

라

레서판다 58

다윈, 찰스 로버트 136

마

마카이로두스아과 72~73

맹금류 88

메가테리움 84~85

메트리오린쿠스 34~35

다노위츠, 멜린다 54

모래주머니 180

모루뼈 179

모사사우루스 28~29

모에리테리움 48

물개아과 120

물새 142

바

바다거북 162, 165, 185

바다사자 118~123, 152, 162, 165

바다소목 122

바다코끼리 98, 120~121

바다표범 102, 120~123

바실로사우루스 105

반향 정위 116~117

방형골 179

백악기 28

변온 동물 35

복장뼈 117, 132~134, 149, 151, 182~185, 187~189

분자 계통학 142

북극여우 88~89

브라질세띠아르마딜로 94~95

비에라엘라 22

사

사막여우 88~89

사모테리움 54~55

사모테리움 마조르 55

4족 보행 70, 85, 122, 129, 165, 173

삼전지족 172

샤로빕테릭스 41

세발가락나무늘보 83~84

스밀로돈 72~73

시조새 136~137, 180

아

아르마딜로 14~15, 82, 92~94, 96~97, 130, 161

아마미검은멧토끼 91

아시아코끼리 47

아프리카코끼리 26~27, 47, 84, 88

암불로케투스 104

애기아르마딜로 94

앤틀러 190

양서류 20, 24

어류 181

어패류 102

오니코닉테리스 116~117

오돈토켈리스 17

오르니메갈로닉스 148~149

오시콘 190

오카피 52, 54

왕아르마딜로 82~83, 94~95

외뿔고래 98

용골돌기 133~135, 137, 149, 151, 188

우제류 128

원더네트 52~53

웜뱃 78~79

유대류 78~79

유모류 96

유사 펭귄 154~155

육식 58, 72, 79, 88, 98, 146, 149, 165,
    169, 173~174, 177~178, 180

육지거북 13, 185

육아낭 78

이절류 82, 96

2족 보행 42, 150, 161, 168, 173

이카로닉테리스 116~117

자

작은일본두더지 110~111

잡식 102, 174, 176

제행성 58~59, 64, 166, 170

조류 24, 136~137, 142, 163~164, 172~173,
    180~181

『종의 기원』 136

주행성 148

중생대 22~23

쥐라기 22~23

쥐며느리 92

지행동물 169~170

지행성 58~59, 61, 166, 169

직립 24, 29, 34~35, 58, 141, 150~151

진화 16~17, 22, 26, 29, 48~49, 52, 54~55,
    58, 62, 66, 72, 82, 90~91, 96, 105,
    116~117, 122~123, 129, 136, 142~143,
    152, 158, 165, 173, 182

진화론 136

차

척행동물 168~170

척행성 58~59, 61, 166, 168

천산갑 130

체모 130

초식 58, 102, 126, 173~174, 178, 180

초음파 116

카

코모도왕도마뱀 26~27

쿠에네오사우루스 40

쿠에네오수쿠스 40

쿠치케투스 104

큰개미핥기 82~83

큰두더지 110~111

큰바다사자 120

타

트라이아이스기 22, 40~41

트리아도바트라쿠스 22~23

파

파충류 20, 24, 26~29, 34, 40~41, 82,
    136~137, 179~181

파키케투스 104, 122

팔라에올라구스 90

폐름기 22

폐조시렌 122

포유류 24, 26~29, 32, 34~35, 50, 52, 56,
    58, 73, 78, 82, 92, 96, 102~105, 112,
    114, 118, 120, 122, 130, 149, 158,

168~169, 171, 173, 176, 179, 181, 190

푸이질라 다르위니 122~123

프레리독 148

프레온닥틸루스 41

프로토수쿠스 34

프리오펜탈라구스 91

프테라노돈 41

플라밍고 138~140, 142~143, 172, 180

플로토프테룸 155

플리퍼 152

피갑류 96

피막 36~41, 112~113, 116~117, 143, 159, 164, 186

피부뼈 14, 92~94

하

하마 48, 124~129

호모 사피엔스 111

호저 130

혼 190

화석 17, 22, 34, 54, 66, 90~91, 96, 104~105, 116, 122~123, 136, 155

황제펭귄 154

히라코테리움 66~67

히파리온 66~67

힘줄 114~115

글 · 그림

가와사키 사토시(川崎悟司)

1973년 오사카부 출생. 고생물, 공룡, 동물을 각별히 사랑하는 아마추어 고생물 연구가. 2001년 취미로 그린 생물의 일러스트레이션을 시대 · 지역별로 게시한 웹사이트 '고세계의 주민'을 개설한 이래로, 개성적이며 당장이라도 살아 움직일 것만 같은 고생물들의 일러스트레이션으로 인기를 한몸에 모았다. 현재는 고생물 일러스트레이터로도 활약 중. 주요 저서는 『멸종한 기묘한 동물들』, 『멸종한 기묘한 동물들 2』, 『말은 1개의 발가락으로 서 있다! 골격 비교 동물도감』, 『거북의 등딱지는 갈비뼈』 등이 있다.

옮긴이 김동욱

게임 및 IT 기술 번역으로 2000년대 초 처음 번역과 연을 맺었다. 이후 출판 번역에 입문하여 현재는 전업 번역가로 활동 중이다. 옮긴 책으로 『공각기동대』, 『메종일각』, 『백성귀족』, 『사가판 조류도감』, 『사가판 어류도감』, 『요츠바랑』, 『죠죠의 기묘한 모험』, 『트윈 스피카』, 『파이브 스타 스토리』, 『BLAME!』 등이 있다.

거북의
등딱지는
갈비뼈

1판 1쇄 찍음 2021년 10월 16일
1판 1쇄 펴냄 2021년 10월 31일

지은이 가와사키 사토시
옮긴이 김동욱
펴낸이 박상준
펴낸곳 ㈜사이언스북스

출판등록 1997. 3. 24.(제16-1444호)
(06027) 서울특별시 강남구 도산대로1길 62
대표전화 515-2000 팩시밀리 515-2007
편집부 517-4263   팩시밀리 514-2329
www.sciencebooks.co.kr

ISBN 979-11-91187-11-3 03470
      979-11-92107-06-6(세트)